パン屋の前を通りかかって
思わず空想を満たしたものが
アップルパイだと寝床で気づいて
その翌日走って買いに行く

パンの匂いに出会うたびに
空腹だと思っていた人が
本当は想いが空っぽだったということに気がついて
会いたかった人のことを思い出す

パンは人の空想を満たし
パンは人の空腹も満たす
汗だくになってパンを焼くことは
あらゆる空っぽへの反逆なのだ

詩集『ぼくの星の声』より

かまくらパン
港の人

kamakura 24sekki

食パン

季節の移り変わりに沿った暦、二十四節気を名前にもつこの店は、食べることと生きることの結びつきを切実に考える。北海道産小麦粉、モンゴル湖塩、そして麹酵母から生まれたこのパンが、原初的な感動を体に呼び覚ましてくれる。

甘酒カンパーニュ

老舗の味噌屋の蔵についていた麹菌から起こしたパン酵母は、日本の食の伝統を宿している。この麹と自然栽培玄米から自家製甘酒を作り、麹酵母の生地に練りこんだパン。ほのかな甘みと深い香りと、少し懐かしい気持ちが味わえる。

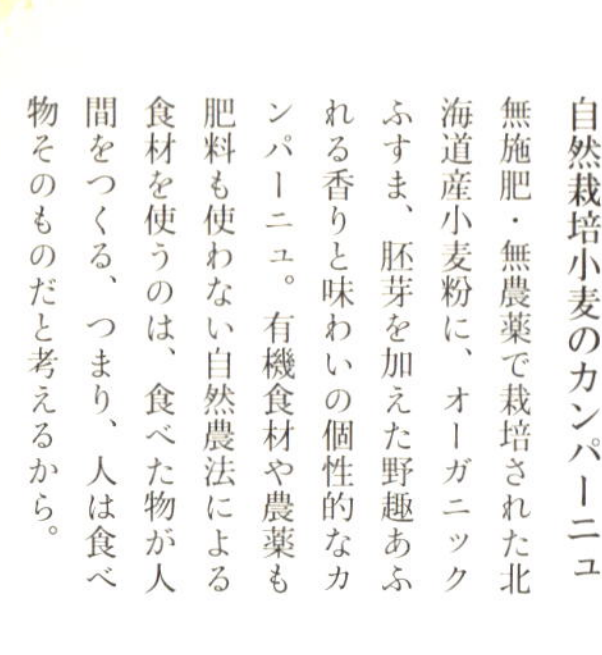

自然栽培小麦のカンパーニュ

無施肥・無農薬で栽培された北海道産小麦粉に、オーガニックふすま、胚芽を加えた野趣あふれる香りと味わいの個性的なカンパーニュ。有機食材や農薬も肥料も使わない自然農法による食材を使うのは、食べた物が人間をつくる、つまり、人は食べ物そのものだと考えるから。

自家製酵母のドーナツ

デーツやレーズン、野菜や玄米などの自家製酵母と麹酵母を合わせて作られるベジドーナツ。独特の色合いは、デトックスなどの効能が注目されているEM菌酵素入りの麻炭による。淡い甘みはオーガニックメープル。オーガニックふすまと胚芽入りのドーナツも。

麹酵母と玄米甘麹のマフィン

マクロビオティック、ベジタリアン、ビーガンにも対応するこの店は乳製品も卵も、そして、黒糖や甜菜糖も含め砂糖も使わない。このマフィンの甘みは、玄米甘酒と米水飴から。ベーキングパウダーは使わず菜種油を加えた生地を麹酵母で発酵させている。

自然栽培たまねぎロール

横浜の自然栽培農園で育った無農薬、無肥料のたまねぎに、有機豆乳、一番搾り菜種油、リンゴ酢、天日塩などから作った自家製豆乳マヨネーズをかけて焼く物菜パン。びっくりするほどたまねぎが甘い。

鎌倉という街は、東京から電車で一時間だというのに、ここへ来ると誰もが、流れる空気と時間が違うという。それはおもに海と山、双方の自然が理由だが、少し歩いてみると、町々の色あいが微妙に変化していくことにも気づく。鎌倉という広がりを成す小さな町のひとつひとつが、それぞれ異なる顔をしながらも、ゆったりと静かに隣りあうさまは、落ち着いた雰囲気をたたえていて、懐はあくまで深く、気まぐれに歩いてみれば、点在するいい匂いの場所を新発見したりもする。手にした観光地図を捨て、嗅覚を頼りに、頭のなかに自分だけの地図を描くのもいい。

住民にも観光客にもメインゲートとなる鎌倉駅。住民からは「裏駅」と呼ばれている西口の改札を出て、ひたすらまっすぐ歩いて二十分ほど、三つ目のトンネルを抜けて左に少し曲がったところに、24sekkiはひっそりとある。ここまで来ると観光地の喧騒はまったくなく、鳥の声が聞こえるだけの谷あいの空気は澄んでいて、微かに香るパンの匂いが深呼吸を誘う。看板がなければ通りすぎてしまいそうな店内へ入ると、ゆったりとしたソファや長テーブルがあるカフェがあり、棚には、ひとつひとつが作品のような、存在感のあるパンが並んでいる。

24sekkiのパンは、麹の酵母で作られている。味噌蔵についた麹菌を自然栽培米につけた、福井県の「マルカワみそ」の麹をもとに酵母を培養し、北海道産小麦でこね、一晩置いてゆっくりと発酵させ、ていねいにパンを作る。

店主は以前、三十年近くひどい偏頭痛に悩まされ続けていた。東京で過酷なデスクワークをしていた頃、食生活を変えることで体質が変わることを知り、マクロビオティックの世界に興味をもった。本を読み独学で始めてみたら、なんと三カ月ほどであっさり偏頭痛が消えてしまった。それから本気で食の勉強を始め、山梨でパンの勉強をしていたとき、運命の麹と出合う。

「もともとは、パンよりもごはんが好きだったんですが、麹酵母の入った容器の蓋を開けたとき、ふわっとすごい香りがして、あ、このパンを作りたい、こんなパンを人におすすめしたいと思って、パン屋になることを決意したんです」。

「私の身体は発酵食品でできているんですよ」という彼女が鎌倉に店をオープンしたのは五年前。これまでに三人、パンを食べて涙

をこぼした人がいるという。「私にとっても感動するできごとでした。昔からある天然のものには強い生命力があるんだと思います」。

朝四時から夜九時まで、ひとりでパンを焼く生活は大変だが、遠くから毎週来店してくれるお客さんもいて、その熱意に、心をこめてパンを焼こうと意欲がわく。「麹の香りは深いんですけど、私自身が麹の深みにはまってしまった感じです」。

麹菌から作られるからか、この店のパンは和の食材に合う。カフェで出されるサンドイッチの具材は、テンペや、旬の野菜を自家製豆乳マヨネーズで和えたものや味噌漬けなど、季節によって具材は変わるが、おもに和のテイスト。セットの野菜スープには、シイタケとコンブの出汁が加わり、どこかなじみ深い味わい。食パンに、味噌とオリーブオイルを塗って食べているお客さんもいるという。

有機小豆と有機甘栗の入ったあんぱんや、有機豆乳や米飴などで焼いたベジクリームパンは、寒い季節限定販売。春になったら、ヨモギやミツバを摘んできてパンにする。スモモの季節になったらジャムを作ってパンにのせて焼き、カボチャが旬の頃にはペーストにしてパン・ド・ミにする。

24sekkiのパンは、季節のわずかな変化に合わせ、パン生地も、食材も変わってゆく。季節が変わったことにも気づかないくらい疲れてしまったら、季節の入ったパンを食べるといいかもしれない。

kamakura 24sekki
鎌倉市常盤九二三―八　map A
〇四六七（八一）五〇〇四
一一時から一七時まで。カフェは一一時半からラストオーダー一六時半
月曜・火曜・水曜定休
「鎌倉駅」西口より徒歩二〇分
「鎌倉市役所前」からバス「一向堂」下車徒歩三〇秒
江ノ電「長谷駅」より徒歩二〇分
http://24sekki.p1.bindsite.jp

boulangerie Lumière du b

ブーランジュリ リュミエール・ドゥ・ベー

バゲット・リュミエール

店名のリュミエールはフランス語で光、bは、幸福を表すフランス語の頭文字。「幸せの光」という名のパン屋さんの「光」という名のバゲットは、店主の自信作にして店の一番人気。国産小麦とフランス産小麦を店の石臼製粉機で挽いた粉を使い、自家製酵母で発酵。バゲットはこのほかに「バゲット・エポートル」があるが、これはスペルト小麦の全粒粉を使用。スペルト小麦とは、現在の小麦の原種にあたる古代小麦で、一時は収穫率のよい品種改良種にとってかわられていたが、風味のよさや栄養価の高さにより近年各国で注目を集めている。これも自家製粉して使っている。

フィグ

断面を見ると、白イチジクとクルミの赤ワイン漬けがごろごろと入っていて生地が見えないほど。食べてみれば、ライ麦とライ麦酵母を使ったカンパーニュ生地の甘みや香ばしさがいきていて、計算しつくされたバランスであることがわかる。

キャラメル・ショコラ

小さめのバゲットを割り、自家製の塩キャラメルジャムをたらしてベルギー産チョコレートを挟む。三種類の異なる甘さが口のなかで溶けあう。そのまま食べても、軽くあたためてチョコを少し柔らかくして食べてもいい。塩キャラメルジャムは店でも販売している。

ノワ・レザン

有機レーズンと有機クルミがぎっしり。パン生地は、有機スペルト小麦全粒粉を一〇〇パーセント使用。

パン・ドゥ・ミイ
カナダ産、オーストラリア産の有機小麦を使用。全粒粉もふくみ、他のパンよりも水分を多く練りこみ、ていねいに焼いている。食パンでは、バター、はちみつ、マスカルポーネチーズを使ったリッチな「パン・ロワイヤル」もある。

十六穀米ぱん
リンゴやレーズンの酵母や麹から起こした酒種を使用。豆乳で練った生地に、モチキビ、タカキビ、発芽玄米、黒米、赤米、緑米、アマランサス、粟、裸麦など一六種類、あるいはそれ以上の国産の雑穀を炊いて加えている。

季節のタルティーヌ
季節ごとの具材をスライスしたカンパーニュにのせて軽く焼いたオープンサンド。

ソイクリームぱん
ハード系パンのイメージが強いが、こんな優しい甘さの柔らかいパンも、しっかり人気を獲得している。有機豆乳を生地に練りこみ、さらに、豆乳とココナッツミルクのオリジナルクリームがなかに入っている。卵、乳製品を使わないクリームパン。

鎌倉駅から江ノ電に揺られること十四分、海が見えてくる七里ヶ浜駅で降り、そこから坂道を上がること十分あまり、小高い住宅街の小さな商店街の裏に、リュミエール・ドゥ・ベーはある。場所柄、地元の人御用達のパン屋かと思いきや、全国からここを目指してやってくる人もいるほどで、さっき群馬から来たというお客さんは、やっとの思いでたどり着いたお目当てのパン屋で、満面の笑みでパンをたくさん買っていた。

リュミエール・ドゥ・ベーの小さな厨房には、立派な石臼製粉機がある。

「挽きたての粉は香りが全然違うんですよ。小麦はたんぱくの量でつながる強度が違うから面白いですね、あ、全粒粉はあんまりいじれないんです、ちょっと触るとガスが抜けてしまうんです。ふすまが入ることによってつながりが難しくなるし……」。

お客さんから、無口なアルバイトのお兄ちゃんだと思われることも多いという店主は、粉のことになると嬉しそうに語りだす。十代の頃からなんとなくパンの世界にいたという店主が、本気でパン屋になろうと思ったのは二十代半ば、現在三十八歳。リュミエール・ドゥ・ベーがオープンしてから六年。小麦は、フランス、ドイツ、オーストラリアなど世界各国のオーガニックなものを玄麦（粒のまま）で仕入れ、石臼で自家製粉する。

季節の果物やハーブなどから常時二十種類くらい作っている自家製天然酵母は、「これとこれを組みあわせたらこんな香りになって、こんなパンができるかなあ、あれも入れてみようかなあ、これはどうなるかなあ」と楽しい発想から作られる。おいしいパンを焼くために、日々新しい酵母のことを考えている。

「ウチはバゲットが売りなんです」というそのバゲットも、リンゴやミカンやユズやサマーオレンジなど、季節によって使う酵母を変え、天候によって粉の配合も変えるので、同じパンでも日によって中身が微妙に違っている。パンの声に耳を澄まし、パンの声を聞きながら、配合や調合を変えている。

「キャラメル・ショコラ」のキャラメルも煮つめるし、土曜限定「焼きカレーパン」の自家炊きカレーは、肉や乳製品を使わずに作る。日曜日は青山のファーマーズマーケットへ出店しているので、パンを車に積んで東京まで走ってゆく。彼の焼くパンの噂を聞いた鎌倉や藤沢のフレンチレストランやワインバーのシェフたちから注文も来るので、各店舗へ自

らパンを配達する。「料理があってこそのパンだと思うので、ありがたい話です」。

眠る時間はあるのだろうかと心配していると、「パン生地を前日から仕込んで低温長時間熟成するので、生地が熟成している間に私も休みます」。自らもパンであるかのような言葉を発する。

「フレンチレストランのフランス人のシェフが、フランスのバゲットよりおいしいといってくれるのが嬉しいです」。「自分の存在価値を認めてもらいたくてやっているつもりだったんですけど、結局自分のためにやっているんだなと最近気づきました」。飄々とした彼の人柄に惹かれて訪れるファンも多い。

七里ヶ浜の丘の上は、空に近いので、ここで買ったパンを頬ばりながら歩くならばトンビに用心。風に乗って、トンビにもいい香りが届いている。

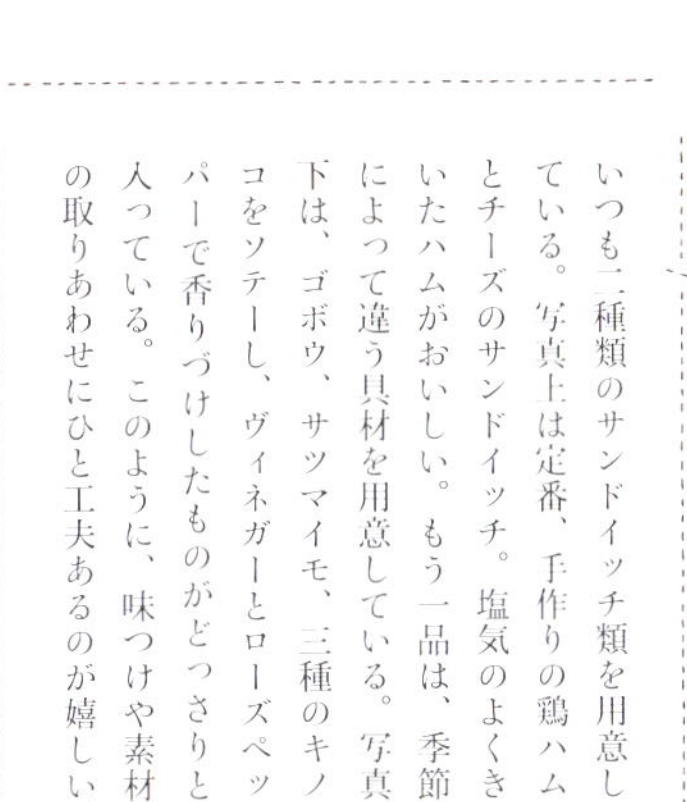

いつも二種類のサンドイッチ類を用意している。写真上は定番、手作りの鶏ハムとチーズのサンドイッチ。塩気のよくきいたハムがおいしい。もう一品は、季節によって違う具材を用意している。写真下は、ゴボウ、サツマイモ、三種のキノコをソテーし、ヴィネガーとローズペッパーで香りづけしたものがどっさりと入っている。このように、味つけや素材の取りあわせにひと工夫あるのが嬉しい。

boulangerie Lumière du b

鎌倉市七里ガ浜東三—一—三〇　一階　map B
〇四六七（八一）三六七二
一一時から二〇時まで
日曜・月曜定休
（日曜は東京の青山ファーマーズマーケット出店）
f
江ノ電「七里ヶ浜駅」より徒歩一〇分

boulangerie bébé
ブーランジュリー ベベ

角食パン
クロワッサン
バゲット

近くに住む人々の暮らしに欠かせない存在となっているこの店では、これらプレーンなパンたちは大切な存在。山型やゴマ入りなどもある食パンは、定期的に予約している人や、焼きあがりの時間に合わせて来店する人たちによって、ほどなく完売してしまう。日常のパンだが、緊張感は失わない。クロワッサンもフランスパンも、じつにすっきりと整った顔だちで、客の訪れを待っている。

小倉バター

フランスパン生地の噛みごたえに、スライスした二枚の発酵バターと粒あんの味わいをプラス。バターが柔らかくなる前の冷えた状態でかぶりつき、取りあわせの妙を口いっぱいで味わうのがおいしい。

クリームホーン

サクサクのクロワッサン生地のなかに、カスタードクリームと生クリームを合わせた優しい甘さのクリームがふんわりと詰まっている。懐かしさと新しさが同時に味わえるパン。

プチオリーブ

アンチョビを詰めたオリーブを、一粒ずつフランスパン生地に包んで焼いた、ありそうでなかったパン。塩味がきいてワインによく合う人気商品。

フランボワーズ

カスタードクリームと、少し甘酸っぱいフランボワーズの組みあわせが絶妙。トッピングはチョコレートの粒と粉糖。

メロンパン

クッキー生地のなかに、キルシュ漬けのパイナップルを刻んで入れて焼いている。このような定番ものにもひと工夫が加えられ、客の舌を魅了する。上品な味わいは、店主の自信作。

ずいぶん昔の青春ドラマの舞台となった頃から変わらない江ノ電「極楽寺駅」には、改札のすぐ前に昔風の丸い郵便ポストがあり、住む人がそこに手紙を投函すると、古い駅舎の写真を撮っていた観光客たちが驚く。新しいドラマの舞台ともなったので、それがまるでドラマのセットの一部のように思えるらしいが、郵便ポストは、れっきとした現役だ。

観光客がいても、なぜか静かな極楽寺駅からすぐのところに、ブーランジュリーべべはある。ランドセルを背負った小学生たちが、バイバーイと手を振りながら店の前を通りすぎてゆき、自転車に乗ったママさんたちが忙しそうにパンを買っていく。

フランスの小さな町の駅前に必ず一軒あるような、そんなパン屋さんでありたいという店主の願いは、五年前のオープン初日からすでに叶いつつあって、宣伝もしていないのに開店前から近所の人々が並んでくれたり、その後、毎朝欠かさず食パンを買いにきてくれる常連さんができたり、この店なら大丈夫ということで、幼稚園児の初めてのお使いの店に選ばれたりもして、さらに深く地域に根を張り続けている。

店主は、家族全員がキッチンにいるのが普通の、料理や菓子作りが好きな一家に育った。小さな頃からパンを焼いていたが、実は大学卒業まではラガーマン。「毎日ラグビーしかやっていなかった」というが、ラグビー部の部室に、普通に、自ら焼いたお菓子を持って行ったりしていたらしい。

ラグビーをやりながら、自分はサラリーマンには向いていないと考えていて、大学卒業後は専門学校へ行きパン職人の道を目指す。三十二歳で自分の店を出すと決め、それまでになにを学ぶべきかを逆算して考え、小さなパン屋でこだわりの製法を見たり、大手チェーン店でお客さんの反応を見たり、給食や病院のパンを大量に焼くパン工場でタイムスケジュールの組み立て方などを学び、全方向のパン作りを体験した。

「どんなパンでも焼けますが、僕はお客さんが喜んで買ってくれるものを焼きます。自分が作りたいパンだけを焼くのなら、それは趣味ですから」。

店に並んだパンの数々は、品数が多いという単純な言葉には収まらない奥行きの深さとアレンジの豊かさが感じられる。アイディアやテクニックは、繊細かつ大胆。ひとつひとつのパンに、客への配慮と職人としての確信が同居して、「どんなパンでも焼ける」という言葉に誇張のないことが、べべのパンそのものからよく伝わってくる。

パン職人になって四年目くらいから、頭のなかで、パンを焼けるようになった。〇・一パーセント単位の粉と水の配合も、焼く時間や窯の温度も、全部頭のなかでシミュレートする。完成したら頭のなかで食べてみる。それがおいしかったら、その通りに実際に焼く。近頃は、お客さんがパンを食べるシーンも空想する。幸せな家族の会話を想像し、食事のメニューまで考える。

「今日はシチューだからこのパンを買って帰ろう、みたいなのがいいですね」。朝のコーヒーに合うパンや、夜にゆっくりウイスキーやワインを飲みながらつまめるパンまで、日々空想する幸せな情景が食卓で実現されるよう、朝から晩まで黙々とパンを焼いている。

「僕の焼くパンのベースはフランスのパンです。熟成を深め、小麦のうまみを最大限に引き出す製法をとっています。フランスでは、バゲットの製法基準がとても細かく決まっているんですけど、僕は自分のレシピでやっているので、食べたときのインパクトは、多分、少し強いと思います」。粉に水を充分に吸わせるため、仕込みの前の仕込みもやる。手間はかかるが、おいしいパンを焼くために妥協はしない。その日の体調や気分でパンの味を変えるようなこともない。

小学生の頃から来ている男の子が中学生になり、やっぱり手を振りながら通りすぎる。「ありがたいことに、あの子は僕のことを友達だと思ってくれているんです」。パンを見る目は厳しいが、人を見る目はとても優しい。

店名のべべは、昔飼っていた猫の名前。べべは、ずっと前からここにあったかのように、極楽寺の風景の一部となっている。

boulangerie bébé

鎌倉市極楽寺一―四―三　map C
〇四六七（二四）八五九五
一〇時から一八時まで
日曜・月曜定休
江ノ電「極楽寺駅」より徒歩一分

鎌倉とパンと私

沼田元氣さん

エッセイ

パンが好きだ。パンという言葉も好きだ。「パン」という言葉はキリスト教の布教と共に日本に入ってきたという。英語の「ブレッド」の語感は、山型の食パンを連想させるが、「パン」は、丸くてやわらかい、もちもちした食感を連想させる。

今ぼくは、九〇歳で、脳梗塞になった母親を介護しているのだが、昨年の危篤状態を境に、食事の趣味がガラリと変わってしまった。かつては、煮物や刺身、焼き魚などが大好きだったのに、それらを一切食べなくなり、毎食パンを所望するのだ。それでも栄養が偏らないようにと、野菜のサンドイッチや、スモークサーモンや、ハムなどをつけ合わせるのだが、それらはいらないと残してしまう。全粒粉や、ライ麦もダメ。真っ白い、いわゆる「食パン」がいいと云う。それゆえ、何とか美味しい食パンを探しては食卓に出すのだが、それが美味しいか不味いか、好みかそうでないかは、瞬時に分かるらしい。美味しい(自分の好みである)と、目を閉じて、ゆっくり、ゆっくり味わい、反芻している。不味いと、ジャムやピーナッツバターを所望するのでスグ分かる。

今や、全国うまいものを取り寄せブームで、探せばどこにでもおいしいパンはあると思う。しかしどんな有名パン屋も、地元の焼きたてにはかなわないのである。鎌倉で焼くパンが特別旨いかどうかは定かではないが、フランス人の如く、その日に食べるバゲットやクロワッサンを、早朝に買いに行ける環境は幸せである。かつて自分がどんな街で暮らしたいかと問われた時、コンビニやショッピングモールが近くにあるのではなく、銭湯、喫茶店、古本屋のある街と答えていた。今は、それにパン屋を加えたい。もっと云えば、豆腐屋、八百屋、魚屋、定食屋、和菓子屋、映画館があればもっとよい。つまりは元気な商店街があればいいということだ。

鎌倉は云わずと知れた観光地だが、観光客がわざわざパンも買いに来るとは思えない。なのに、ここ最近、パン屋の数が増えている。ということは——この地に定住し、ここで生活することを愛するネイティブ(鎌倉人)が増えているとも云える。パン屋の数が多くなれば競争もあり、パン職人が腕をあげる。古本屋の街や餃子の街があるように、全国でひとつくらいパン屋の街があってもいいと思う。

人は、パンや米のみで生きるものではないからこそ、古本屋や喫茶店も必要なのだが、母は今、鎌倉のパンのみで生きている。

ぬまた・げんき

写真家詩人(ポエムグラファー)。東京生まれ、鎌倉育ち。八〇年代芸術家宣言後渡米、A・ウォーホールに師事。『ぼくの伯父さんの東京案内』『鎌倉スーベニイル手帖』『マトリョーシカ大図鑑』他、著書多数。二〇一一年の震災をきっかけに、東北を応援するこけしマガジン『こけし時代』を自ら編集発行。現在、鎌倉長谷にて、こけしとマトリョーシカの専門店「コケーシカ鎌倉」を営む。中村好文氏建築の街角の恩写真館オープン準備中。

にちりん製パン

食パン

レーズン種のほのかな甘みのシンプルな食パン。乳製品、砂糖は不使用。この店ではすべてのパンに、湘南地区で作られる湘南小麦を使っていて、食パンには二〇パーセント使用。

くるみロール

窯でローストしたクルミを、レーズン酵母と国産小麦で作った生地に練りこんでいる。香ばしいクルミと、しっかりした生地は、小さくても食べごたえがある。

雑穀ロール

黒米、モチアワ、タカキビ、粗く挽きわりしてローストした小麦を生地に練りこんでいる。噛めば噛むほど、はちみつの香りがほんのりと口のなかに広がってくる。

プチフランス

原料に小麦、水、塩だけを使った、最も伝統的な製法で作るパンをひとつ置きたくて、フランスパンも並べている。小麦粉から起こした天然酵母、ルヴァン種使用。二倍の大きさのフランスパンもある。

ふだんは静かな北鎌倉駅近辺には、一年のうちひと月ほど、雨が降ろうが風が吹こうが大勢の観光客が押しよせる季節がある。にちりん製パンがオープンしたのはそんな騒ぎが起こる直前で、オープンしてすぐに紫陽花が満開になって、店はいきなり大繁盛。「あれ？思っていたよりうまくいくなあと安心してたんですけど、夏になったらぱったり人通りが少なくなって、地獄を見ました」。

愉快そうに、でも穏やかに話す店主は三十歳。「三十五歳までに自分のお店が出せればなあ」と考えていたとき、ふらりと東京から鎌倉へ越してきて、なんとなく奥さんと散歩していたら、偶然この物件を見つけ、「あ、自分のやりたいお店のイメージとぴったりだ」と思い、すぐに問い合わせてみたら、すんなりと借りることができて、急に目標が立った。そこから、いろんな人の協力が集まって、「なんかよくわからないけど、波が来たから乗らなければと思って」半年後、にちりん製パンはオープン。それが二〇一五年五月のことである。

もともとは絵の勉強をしていたが、絵で食べていくのはなんか違うかなあと感じていた頃、たまたま合羽橋を散歩中に入ったペリカンというパン屋で、歩きながら食べようと買ったロールパンのあまりのおいしさに、「なんだこれは！」と衝撃を受ける。十個入りのロールパンを一気に全部食べ終えた頃には、パンに対する価値観がすっかり変わっていて、後日、家でパンを焼いてみたら楽しくて、「パンの勉強をしよう」と考えた。「今思うと、そのとき焼いたパンは、パンとはいえないパンでしたけどね」。

それから、パン屋の名門といわれているメゾンカイザーに運よく採用され、鎌倉へ越してきてからは、キビヤベーカリーで修業。フランスのパンのことも、天然酵母のこともきっちり学んで独立。今は全部自分で好きにできるようになり、わくわくしながらパンを焼いている。

懐かしい感じのパン屋にしたくて、給食の揚げパンをイメージして作った「きなこパン」は、きなこ、バター、はちみつ、キビ糖、練乳を混ぜたペーストを包みこんでいる。よく見ると小さな目や耳がついている「ねこ」も人気。九月から始めた月替わりの野菜パンは、無農薬の野菜を使って焼く。秋はジャガイモを窯でローストして、皮ごと生地に練りこんだ。冬はショウガとはちみつ、夏になっ

たら、ナスやトマトなどを使ってみようと考えている。使っている無農薬野菜は千葉の農家、インセクト・ファームから週に一度仕入れ、店頭でも販売している。

店主の愛読書は、ジェフリー・ハメルマンの『BREAD』。分厚い一冊がいつも厨房に置いてある。そこには、詳細な理論やレシピとともに、パンとは何かというパンの概念も書いてあるという。

「パンの捉えかたっていうのは作る人ごとに全然違っています。僕はこの著者のパンに対する考えかたにすごく共感していて、まずはこの本のレシピ通りに作ってみて、それから自分なりに改良しています」。

日々、新しく思いついたやり方を試作したり、ある日を境に急に変わる生地の呼吸を敏感に感じとるので、お客さんが気づかない程度のマイナーチェンジはひっそりとおこなわれている。品数も多くはない小さな店だが、実験と研究を繰り返す店主にとっては、必要にして十分な規模。小さな変化を見逃さず、小さな変化をし続ける。「なんとなく」が口癖だが、実は、パンに人生と哲学を発見したかのような彼のパンを求め、北鎌倉で静かに暮らしている常連さんたちが今日もやってくる。可愛い店のたたずまいに惹かれた観光客もやってくる。

新しく北鎌倉駅近辺の匂いとなった小さなパン屋は、日輪のように人々の笑顔を照らす存在でありたいと願っている。

にちりん製パン

鎌倉市山ノ内一三八八　map D
〇四六七（六七）三一八七
一〇時から一七時まで。売り切れ次第終了
不定休
f 「北鎌倉駅」より徒歩三分

鎌倉利々庵
Kamakura Lilian

野菜焼きチーズカレー
フィリング、トッピング、ソース類すべて手作りすることがこの店のポリシーで、カレーパンひとつとっても種類が豊富。このパンのカレーは、トマト風味でスパイシー。

栗とカシスのデニッシュ
マロンペーストを混ぜこんだクレームダマンドにカシスを入れ、甘露煮の栗をのせた秋の一品。

贅沢クリームパン
ブリオッシュ生地のなかに自家製カスタードと生クリーム。焼きあげた後に、さらにクリームを追加注入。

甘口焼きカレーパン
洋ナシやマンゴーチャツネの風味がフルーティーなカレー。表面にはパリパリに焼いたチーズ。

辛口カレーパン
ハバネロパウダーや生唐辛子が入り、かなり思い切りのよい辛さが特徴。揚げ油に上質な米油を使っているので、後味もさっぱりと香ばしい。

オニオンブレッド

食欲をそそるタマネギの香り高いパン。炒めて甘みの増したタマネギがたっぷりと食パン生地に練りこまれ、表面のマヨネーズとチーズが香ばしさを添える。幅広い年齢層に愛される一品。

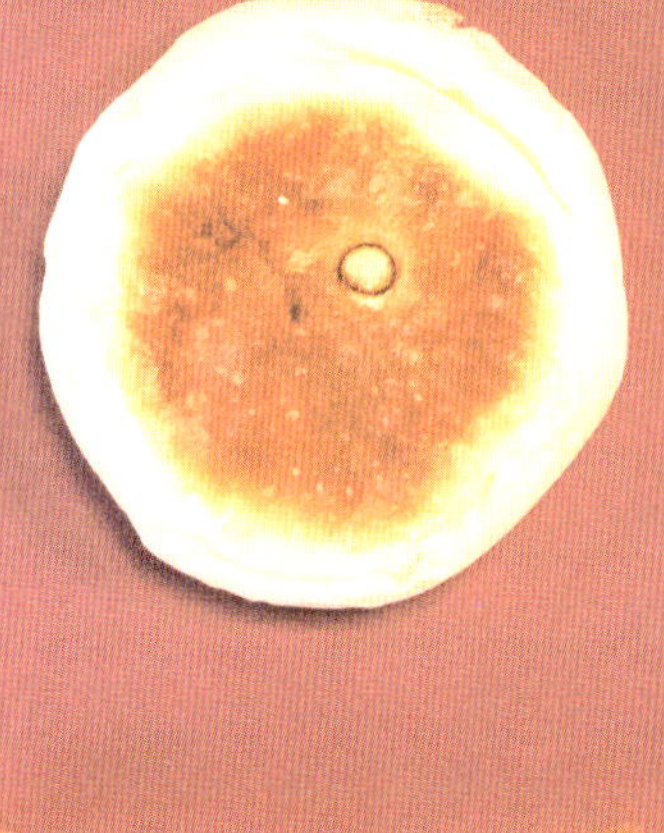

白菜と豚挽き肉のサンラータン風

少し平たい形のおやきも人気のシリーズ。このサンラータン風では、酸味と辛みを効かせた野菜炒めが中央に入っている。このほか、きんぴらやひじき煮、素揚げした季節の野菜など具材の種類はさまざま。ごはんとおかずを食べるように楽しめる。

利々庵食パン

バゲット、クロワッサン、カンパーニュ、パン・ド・ミなど、プレーンなパンも数多く揃えているが、なかでも特別な存在なのがこの食パン。米粉を使ってはいるが、小麦粉と合わせ二段階発酵をおこなうことによって、しっとりとした食感、上品なうまみが実現されている。

鎌倉駅西口からほど近いのに、初めて訪れる人は迷子になってしまうような路地裏に鎌倉利々庵はある。しかしそこは地元の人からすると全然路地裏ではない生活道路で、自転車に乗ってパンを買いに来る客や、散歩がてらにふらりと歩いてくる客が途切れることなく利々庵に吸いこまれてゆく。

利々庵の最大の特徴は、店内に並ぶパンの種類の多さ。食パンやフランスパンなどのベーシックなものはもちろん、あんぱん、メロンパンのようなおなじみのパンから、どんな味がするのか興味をそそってやまないオリジナリティあふれるパン、そして、ドーナツやケーキまでもが約百種類。足繁く通う常連にも、選ぶ楽しさ、新しい味との出合いを提供している。膨大な手作業をこなし、新しいレシピを開発し続け、そしてほぼ年中無休で営業するのだから、舞台裏のマネージメントも並大抵のものではないことがうかがえる。

利々庵のパンを大きくとらえるならば、食事系、お菓子系とオーナーが呼ぶふたつのラインに分けられる。食事系ラインのパンは、それぞれの家庭でふだんの食事を作っている女性たちが、大切な自分の家族に作るように、おいしい季節の野菜を使って、毎日食べても飽きないよう、和洋中、工夫を凝らしながら作っている。野菜を煮たり肉を炒めたり、ベシャメルソースもチリソースもきんぴらごぼうも作る。

お菓子系ラインを監修するのはパティシエ歴十年のパン職人で、こちらも季節の果物や野菜をていねいにジャムにしたりコンポートにしたり、黒豆を六時間かけて煮たり、贅沢なカスタードクリームを作ったりしている。

スタッフが開発するパンのジャッジを下すのはオーナーだが、そのための食材を買い出しに行くのもオーナーである。「みんなが書いた買い出しリストを持って、市場とか駅前の店とか、僕が朝から野菜を買いに行きます」と笑う。

利々庵では、米油を使っている。この店を開くにあたって、オーナーが足と目と鼻と耳で選んだというオイルは、高級煎餅を揚げるのに使われる米油。油のよさが味に大きく影響すると考えるから、高価であってもいいとわない。「味のよさはもちろんですが、一日中揚げていてもイヤな香りがひとつもしないんです」。食べ手だけでなく揚げ手にも優しい米油で揚げられたカレーパンやピロシキは、さっぱりとしていて胃にもたれにくい。

特筆すべきは、米粉を使った食パン。これは、オーナーが製パン理論と技術を学ぶために通った日本パン研究所で、開発者の原田晶博氏から直接学んだ発酵米粉種食パンで、利々庵の看板商品のひとつ。米粉にほんの少しのパン酵母を加えて一晩発酵させると、お米の澱粉が分解されて麦芽糖となる。翌朝これに小麦粉を加えてまた発酵させるという手間のかかった食パンは、麦芽糖の甘みによって通常の食パンより砂糖が四割カットされ、他にない味になった。

「まずは焼かずに召し上がっていただきたいです。とてもしっとりとしてソフトな食感と、シンプルな甘味を味わってみてください」。

三年前のオープン時には、オーナーとスタッフたちは百数十種類のパンを作ったという。いろんな粉を配合し、パン酵母、製法を駆使し、納得できるパンができあがるまで、まるで研究所のような雰囲気のなかで、約六カ月にわたって毎日試作を続けたという。

買ったばかりのパンを大切そうに自転車の籠に入れたマダムは、文字通り毎日この店に通っているという。「ここのパンがすごくおいしいのはもちろんだけど、スタッフの皆さんのパンの扱いがきれいでていねいでね、心配りがすばらしくて、毎朝いい気分になれるのよ」。

路地を抜けるパンの香りも、街をいい気分にしている。

鎌倉利々庵

鎌倉市御成町一〇—一九　map E
〇四六七（六一）三〇〇五
一〇時から一八時まで
お盆、年末年始休み
「鎌倉駅」西口より徒歩三分
 http://kamakura-lilian.com

パン

山村暮鳥

わたしのパンには
遠山の雪のにほひがある
五月ごろの空の匂ひがある
この大きな青空では
雲雀がちうちうさへづつてゐる
それからまた
うすらねむいこの目の附近(あたり)に
ひろびろとした麦の畑をみせてくれるのもパンだ
ときどきはいぢわるく
この咽喉(のど)の上につかへて
ひもじい私をくるしめることもないではないが
何といふても
わたしの幸福はパンにある。

詩集『万物節』より

Bread Code by recette

ブレッド コード

Japan Premium Bread (yama plain)

食パン山型：プレーンタイプ

北海道産小麦キタノカオリ、秋田県産白神こだま酵母、大島産自然海塩、喜界島産サトウキビ糖。ブレッドコードの食パンは、これら日本が誇る素材だけから作られる。山型は蓋をしないで焼くので生地が大きく伸び、角型より気泡が大きめになり、トーストするとさっくりとした食感。

Japan Premium Bread (kaku plain)

食パン角型：プレーンタイプ

角型は蓋をして焼くため、山型よりもっちり感がある。三種すべての型に国産バターを塗って焼いているので、耳の部分は強いバターの風味を宿しつつさくっと仕上がる。これがなめらかで繊細な歯ざわりの白い食パン生地を全面から包みこみ、くちびるに触れる瞬間の驚きを深めてくれる。

Japan Premium Bread (kaku rich)

食パン角型：リッチタイプ

プレーンタイプの素材に国産バターが加えられ、生地は一層リッチな風味をもち、歯ざわりはしっとりとする。この生地に合わせて作られた型は、表面がフラット、そしてバターがしみ出してこないよう内側をセラミックコーティングし、熱吸収率を高めるため外側を黒色塗装した。

ネット通販でしか買えない最高級パンで有名なルセットが、鎌倉に食パン専門店を開くようだという噂はわりに早くから広まっていて、それは、長谷駅から海へ向かったあたりの、もともとは八百屋だった古い店舗が、だんだんと最新のデザインのお店になってゆくのを見ていた地元の人たちの口から伝えられ、そして、狭い店内にびっくりするような立派なオーブンがクレーン車で備えつけられたとき、ああ、本当にパン屋さんができるんだと野次馬たちは納得。これが二〇一五年初夏のこと。そのあと、テストベイキングと呼ばれる食パンの焼きあがり試験期間が始まり、毎朝、サーファーたちが行き交う静かな住宅街に、パンの焼けるいい匂いが立ちのぼり、興味津々の近所の住民が見守るなか、満を持してブレッドコードはオープン。テスト販売中に早くもファンを獲得した食パン専門店は、そのお洒落な外観とは裏腹に、意外にもすんなり古い街になじんでいる。

ブレッドコードの食パンは、ルセットのパンとはまったく違うオリジナルレシピで作られている。ブレッドコードの店長が、スタッフとともに試行錯誤の末に作りあげたレシピは、テスト期間中に食べてくれたお客さんの意見を聞きながら、最終的に三種類の食パンになった。

「ブレッドコードのパンは、お米にたとえるとコシヒカリなんです」。米作り農家で育ったという店長は、「お米文化の人が作る究極の日本の食パン」を理想としている。店長を筆頭に、スタッフ六人は全員女性。朝八時半から生地をこね、ゆったりと発酵させ、焼きあがるのは午後二時頃。それから店頭販売をおこなう。もっと早くできないの？　とよく聞かれるが、「人がパンの歩調に合わせる」のが、ルセットとブレッドコードの信念。

「気温や湿度によって発酵時間がまったく違ってくるように、パンは作り手によっても違ってきます。スタッフが同じ呼吸でないと同じパンができないんですよ。気持ちが安定していないとパンに出ちゃうんです。だからみんなでいつも幸せな気持ちで、ふっくら美人さんのパンが焼けるようがんばってます」。

ブレッドコードが目指すのは、地域の人々

にかわいがってもらえるパン屋。地元の商店会に誘われて、オープンして間もない頃に地元のイベントに参加した。食パンを出すのはむずかしいので、小さなラスクを作って出店したところ、大好評だったので、いつか店頭に並ぶことを期待されている。新しいものと古いものを融合するというルセットの理念のもと、新しい感覚の食パン専門店は、古い街並を残す鎌倉の風景に溶けこんでいきたいと考えている。

特に用もなさそうなのに、「まだ焼けないの?」と自転車をとめてなかをのぞきこむ陽に焼けたおじいさん。「あとで寄るわね」といってそそくさと買い物に出かける様子のおばあさん。「鎌倉にたくさんの親戚ができました」と笑う店長は、通りすがる地元のお年寄りたちのアイドルとなっている。

店舗から十数メートル海側へ歩いたところに、朝八時半から開店している「カフェルセット鎌倉」もあり、ブレッドコードのパンを使ったモーニングプレートやクロックマダムが人気。オリジナルのジャム、ルセットのパンで作るフレンチトースト、近所の手作りハム工房とコラボレーションしたホットドッグなどもあり、ルセットのパンもお手頃な価格で楽しめる。こちらのおいしいランチを食べながら、ブレッドコードのパンが焼けるのを待つという贅沢な時間を過ごしている人もいる。すぐそこは海。ブレッドコードの食パンを毎日食べられる人が羨ましい。

Bread Code by recette

鎌倉市坂ノ下二二—二三　map F
〇四六七(五三)七三〇七
一四時から一七時まで。売り切れ次第終了
無休。臨時休業あり
江ノ電「長谷駅」より徒歩五分
http://bread-code.com

mbs 46.7

ナチュラルバゲット

一番人気のパン。牛乳とヨーグルトの酵母から引きだされるコクに、ライ麦酵母のさっぱり感がプラスされた味わい深いサクサクのバゲット。

カンパーニュ・プラス

持てばずっしり重く、美しく堂々たる姿をしたカンパーニュ。トッピングされているのはライ麦。ライ麦酵母を使った生地には、粗挽きのライ麦と押し麦が混ぜこまれている。

くるみのカンパーニュ

ローストされた大きなくるみがたっぷり入ったカンパーニュは、レーズン酵母とライ麦酵母使用。香りと歯ごたえに感動しているうちに、あっという間に食べ終わる。

バインミー

しゃきしゃきとしたパクチー、大根と人参のなますの奥に、スパイシーな焼き豚とレバーペースト。この店の看板アイテムのひとつで、遅い時間は売り切れ必至。予約することもできる。

クランベリーとクリームチーズ

たっぷりのドライクランベリーとクリームチーズの組みあわせ。生地はレーズン酵母とライ麦酵母から作ったカンパーニュ。

イングリッシュマフィン

ホップ酵母とコーンフラワーを使った新作。ゴマのように見えるのはコーングリッツ。割って温めて、そして何を挟んで食べるか楽しい想像が広がるパン。

あんパーニュ

米麹を練りこんだカンパーニュ生地に粒あんがサンドされている。右側のは、さつまいも入り。少し温めて食べてもおいしい。両側からあんがはみ出さないようタテに食べるのがおすすめ。

make the bread shop を略して mbs。鎌倉でパン屋を開く前にときどき自宅でパンを焼いて売っていたから、当時住んでいた家の前を走っている国道の数字をくっつけて mbs 46.7。

「子どもの頃から漠然と、横丁の小さなたばこ屋さんみたいな店を開きたいという憧れがあった」という店主が、通り沿いから少し奥まった路地の一画に「こっそり」パン屋をオープンしたのは五年前。ガラスケースごしに声をかけると奥から店主がひょっこり顔を出すのは、まさに昔のたばこ屋さながらのスタイルだ。

mbs 46.7 のある横丁には、小さな雑貨屋や古本屋、イタリアンレストランなどがぎゅっと並んでいる。鎌倉駅から歩いて五分ほど、有名な生地屋さんの手前にあるが、気をつけていないとうっかり通りすぎてしまう。

「ここだけ時間が止まっているようでしょう」。そういう彼女の頭ごしに見える厨房の時計は、一〇分進んでいる。合わせても合わせてもいつも一〇分進んでしまう時計を見て慌てるお客さんに、「大丈夫ですよ」と教えると、ホッとして一〇分得をした気分になって、お客さんから笑みがこぼれる。

おいしい食べ物が好きで、おいしいお酒も大好きで、パン教室のスタッフとして働いてはいたが、まさか自分がパン屋になるとは思っていなかったという店主、いざパン屋を始めることになったら、ひとりでふらりとパリへ旅立った。「私、結構、無鉄砲で」。

開店準備そっちのけで行ったパリでは、ホームステイしながら一カ月間、街角のパン屋で働かせてもらった。好きな時間に適当に来ていいよといわれたが、早朝から遅くまで、パン屋の厨房に入り浸った。

彼女が体験したパリ九区の普通のパン屋の厨房では、毎朝千本のバゲットを焼いていた。はじめは数字を聞き間違えたかと思ったが、焼いても焼いても空になる店の棚を見て、「そうか、フランス人にとってバゲットは主食なのか」、と納得。

そんな経験を聞いたからか、この店のパンはフランス系のものばかりかと思いきや、ドイツ系パンもイタリア系パンもイギリスのマフィンも並んでいて、一番人気はベトナムのサンドイッチ、バインミー。近所の北村精肉店に特製焼き豚を作ってもらい、さっぱりしたなますやパクチー、レバーペーストなどを「ナチュラルバゲット」に挟み、仕上げに

ニョクマム。その他、時間はかかるが、豚肉団子のトマト煮や、塩鶏、和牛の串焼きバージョンのバインミーもオーダーできる。タルティーヌなど調理パンも充実していて、週末限定の生ハムのサンドイッチは早い者勝ち。

「自分が食べたいパンを作るんですけど、試作してボツにするほうが多いですね」。

開店すると接客に追われるので、閉店後に仕込んだ生地を、翌朝二時からさわり始める。生地を手でこねながら、あ、あれも作ろうと思いついたりするので、折々で品揃えは変わる。天気図を見ることが日課で、「前線が来るから注意しなきゃ」と、生き物である菌のことを考える。

ライ麦やレーズンの酵母に加え、ホップや乳製品の酵母も育てていて、単品、または掛け合わせで使っている。「フランスでは天然酵母は特別なものではなく、なんで日本人は天然酵母天然酵母って騒ぐんだといわれましたねえ」。

パンを焼いたオーブンの予熱で、肉や野菜を焼いたり、ときにはおやつも焼いている。ガラスケースより背の低い小さなお客さんが、母親の見守るなか、「これくださーい」と嬉しそうに背伸びしている。ここでパンを買い、海へ向かう途中にワインやデリを買って、ビーチでのんびりランチをとる人もいる。

七坪のパン屋には世界のパンがあり、ここから自由に好きなところへ旅立っていけるような気分になる。

mbs 46.7

鎌倉市大町一－一－一三 Walk 大町一〇一　map G
〇四六七（八一）五五四一
一一時から一八時まで
第一第三月曜・火曜定休。ただし、祝日は営業
「鎌倉駅」東口より徒歩五分
http://www.mbst.co.jp/467/

鎌倉とパンと私

澁澤龍子さん

インタビュー

しぶさわ・りゅうこ
エッセイスト。鎌倉生まれ。新潮社に勤務しているときに澁澤龍彦氏と出会い一九六九年に結婚。北鎌倉に暮らし、ヨーロッパの美術や思想の評論、翻訳、小説など数多くの著作を執筆する夫を支えた。一九八七年の夫の逝去後も、美術品のコレクション、蔵書、愛用品など生前のままに保ち、夫の作りあげた知的宇宙「ドラコニア・ワールド」を守り続ける。おもな著書に『澁澤龍彦との日々』『澁澤龍彦との旅』（ともに白水社）など。

私が子どもの頃、日曜の朝食を作るのは父と決まっていて、必ずパンだったんです。朝起きると、コーヒーとベーコンエッグのいい匂いがして……ベーコンエッグは、ベーコンを四角く切って焼いたところに卵を流し入れるというちょっと変わったもので、私が作るのもずっとこれですし、澁澤（龍彦氏）もこのベーコンエッグが好きでした。男が料理するのも、パンやベーコンも当時はとても珍しかったけれど、父は食べることが大好きで、すごく洒落た人だったんです。

そして、パンに塗るものといったら、バターよりコンデンスミルク。甘くて、子どもはみんな好きでしたよ。私は戦後で、澁澤は戦前という違いがありますけれど、澁澤も学校に上がる前はいつもお昼はパンで、コンデンスミルクを塗っていたんですね。澁澤の家も家族で銀座へ食事に行ったり、銀の器でアイスクリームを食べたり、当時としては珍しい洒落た家庭だったんです。

澁澤の『玩物草紙』の「反対日の丸」というエッセイに書いてあるんですが、母親に「日の丸作って」というと、コンデンスミルクを塗った食パンの真ん中に丸くジャムを塗ってくれて、それが大好きだったんです。そして「反対日の丸」というのは、澁澤独自の発明品で、ジャムで全体を赤くしてから、真ん中にコンデンスミルクで白い丸を書いたもの。それがとってもお気に入りだったのよ。

おいしいパンの思い出といえば、東京の青山にドンクができて、初めて本格的なフランスパンを販売し始めたときすごく評判になって、わたしも買いに行きましたよ。これがフランスのパンなんだ、こんなにおいしいものなんだってすごく感激しました。

一九七〇年に夫婦で二カ月間ヨーロッパを旅したのですが、印象に残るのはパリのバゲットですね。滞在中は、朝、バゲットを買いに行ってね、フランス人にならって、歩きながら齧るんです。とってもおいしくて感心しましたよ。ただ、日本と違って空気が乾燥しているから、瞬く間に固くなっちゃって、フランス人はそれをすぐ捨てちゃうんです。電気やほかのものでは倹約家なのに、バゲットは平気で捨てちゃうのが不思議でしたね。

澁澤は食べることが大好きでしたから、たくさん料理もしましたし、旅行しては、おいしいものを食べました。今も、私はとってもよく食べるんです。パンは、どこの店というこだわりはないけれど、やっぱり焼きたてがいいですね。（談）

La forêt et la table
ラフォレ・エ・ラターブル

バゲット
姿はフランスの雰囲気を漂わせながらも、口にすればクラムがもっちり食べやすく日本人好み。これが、多くの人に愛される秘密かもしれない。この店のパンはすべて小麦酵母を使っている。

カンパーニュ
切り分けたものも販売しているが、ライ麦の風味がほどよくクセがなく、とても食べやすいので大きめを買うのがおすすめ。クラストの歯ごたえはしっかり、クラムは柔らかめというバランスが、時間の経過で変化するのも楽しみたい。

ティーブラン
練りこまれた紅茶茶葉の香りに誘われて、口にすればホワイトチョコレートの甘さがほんのり広がる。人気の一品。

フィグ・ピスターシュ
クープの美しさに目を奪われるが、味も引けをとらない。ライ麦をふくむパン生地に白イチジクと黒イチジク、そしてローストしたピスタチオが大きめの粒、ときには丸ごと、たっぷりと入っている。

ゴルゴントマト
セミドライトマトとゴルゴンゾーラチーズが作りだす奥行きのある風味が特徴。ゴルゴンゾーラ独特のクセは小麦の甘みとマイルドに調和しているので、苦手な人でも大丈夫。

六地蔵のパン屋さん、といえば鎌倉の人にはわかる。鎌倉の裏駅から御成通り商店街を抜けて由比ガ浜通りを長谷方面に歩くと、六体のお地蔵さまが並ぶ交差点があり、その右角から二軒目に、ラフォレ・エ・ラターブルはある。森とテーブルという不思議な店名は、「なんとなく、森は人が帰る場所、テーブルは未来を創りだす舞台ってイメージがありまして、そんな店になればいいなと思って」名づけられた。

店主の作るパンは、とてもシンプル。小麦粉も全粒粉もライ麦も各一種類ずつ、酵母は、小麦粉から起こしたものを使っている。

「あんまりこだわりがなくてすみません」というが、「しいたけパン」には、赤ワイン生地のカンパーニュを使っている。カンパーニュを作るときの水分の半分ほどを赤ワインにして、奥さんの出身地である高知の原木しいたけを使用。乾燥したものを使い、しいたけに赤ワインを吸わせる。

紅茶とホワイトチョコを合わせたり、枝豆とベーコン、ドライバナナとココナッツ、サラミとレンコンとイチジクなど季節によって変わる食材の組み合わせはユニークで、店主の作るパンの発想の元は、料理やお菓子。「調理系パンに対する固定概念が全然なくて、そのぶん自由に発想してます」。

毎日売り切れるのが早いため、地元の人から幻のパン屋ともいわれているが、「いえいえ、売れ残るのが怖いだけです。これからはもっと焼きます」。

年配のファンも多く、「自分ではハード系のパンを焼いてるつもりだったんですけど、どうやら世間からはセミハード系と呼ばれているようです」。

接客上手な奥さんとのお喋りも目的になっているらしい年配の常連さんのなかには、長く外国で暮らしていた人も多く、「さすが鎌倉ですね」という店主は埼玉県出身。鎌倉に移住して四年。鎌倉の文化や暮らしがとても気に入っている。

東京で修業していたときは、ひたすらたくさんパンを焼いていて、特に大きなパン屋にいたときは、作業も分担制だったから、仕込む日は仕込む日、焼く日は焼く日、の毎日。自分の店を開店してから二年、パン作りのすべてをひとりでこなし、経営のことも考え、たまに接客もする日々が、とても新鮮で楽しい。休日には海へ行くし、地元の老舗店とコラボレーションしたり、素敵なカフェにパンを卸したりしながら、ふたりでどんどん鎌倉の街に溶けこんでいる。

「鎌倉はパン屋さんが多いから、自分なんかまだまだです」。そんな姿勢がパンに現れるのか、老若男女、まんべんなく常連さんがついている。六地蔵を目印に、散歩がてらに寄ってみたい。

家庭や職場でのランチやおやつとして愛されるサンドイッチやタルティーヌも、この店の人気商品。こちらは週に三日、一日各四個だけ限定販売される「鳥一さんのコロッケサンド」と、同じく「チキンサンド」。鳥一は、地元では有名な昭和二十三年創業の鶏肉専門店。刻んだ白菜とともに丸ごとチャパタ生地のパンに挟んである。ソースは、こちらも地元有名食材店である明治十五年創業の三留商店のオリジナル薬膳ソースを使っている。

定番として三種のサンドイッチも販売。右は「オリーブチャパタサンド」で、なかにはさっぱりとしたツナとジャガイモ、ゆで卵とプチトマト。中央は「生ハムとワサビ菜のサンドイッチ」。夏場にはワサビ菜のかわりにバジルなども使う。左は「カスクルートジャンボン」。プチバゲットにバターを塗りハムを挟んだシンプルなサンド。

La forêt et la table

鎌倉市由比ガ浜一―三―一六　map H
〇四六七（二四）五二二一二
一〇時から一六時まで。売り切れ次第終了
月曜・火曜定休
「鎌倉駅」西口より徒歩一〇分
江ノ電「和田塚駅」より徒歩三分

KIBIYA BAKERY

キビヤベーカリー

黒みつパン

蒸しパンのようにもっちりとしていながら、この店ならではの重量感も感じさせる人気のパン。甘みにはマーサイン糖、黒みつ、はちみつなどが使われていて、コクのある懐かしい味わいが特徴。大きく焼いて、大小二種類のサイズに切り分けて販売している。一九四八年からのベストセラー。

カレンツとナッツの食パン

オーガニックなカレンツの甘み、ローストしたクルミの香ばしさが生地のうまみとベストマッチ。食パン類では、このほか、「プレーン食パン」、「ゴマ食パン」、サルタナレーズンをたっぷり練りこんだ「サルタナ食パン」などもある。

チョコパン

この店一番人気のパン。ビターなミルクチョコレートチップが、全粒粉入りの生地とよく似合う。そのまま食べればチョコの粒が残って軽く歯にあたり、温めれば溶けて生地にしみこみ、それぞれにおいしい。同じ形でゴマを振ったあんぱんも味わい深い。

プレーンベーグル

サイズは少し小さめだが、食べごたえがあり、そのままでも十分おいしいベーグル。毎日登場するプレーンのほか、チョコとくるみ、ゴマとピーナツなどが日替わりで並ぶ。

オリーブパン

粗く刻んだオリーブ入りのパンは軽い塩味が人気。月・木・土曜に登場。火・金・日曜に登場するのは、オレンジピールとクリームチーズが入ったフルーツスティック。

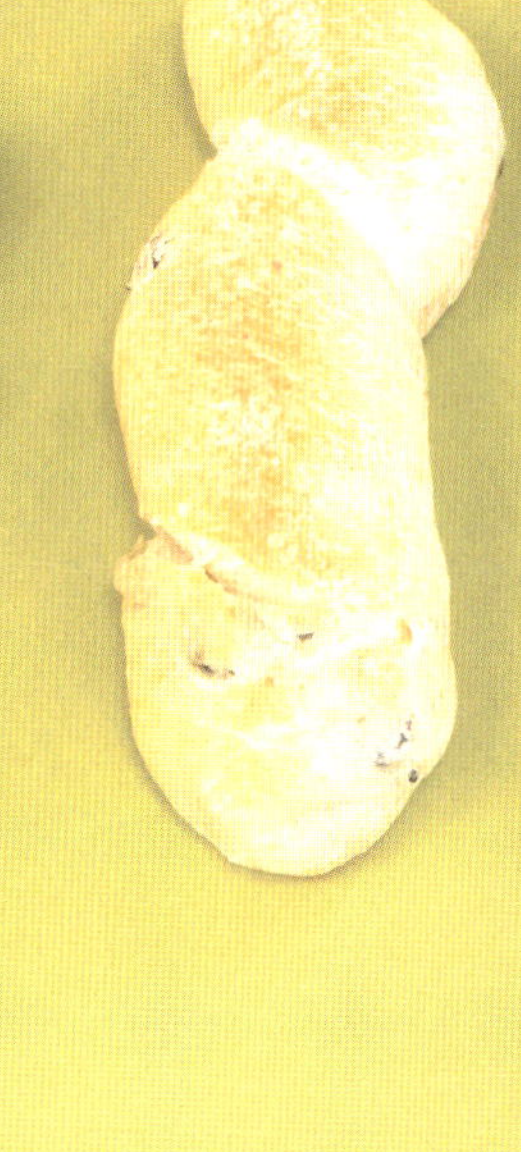

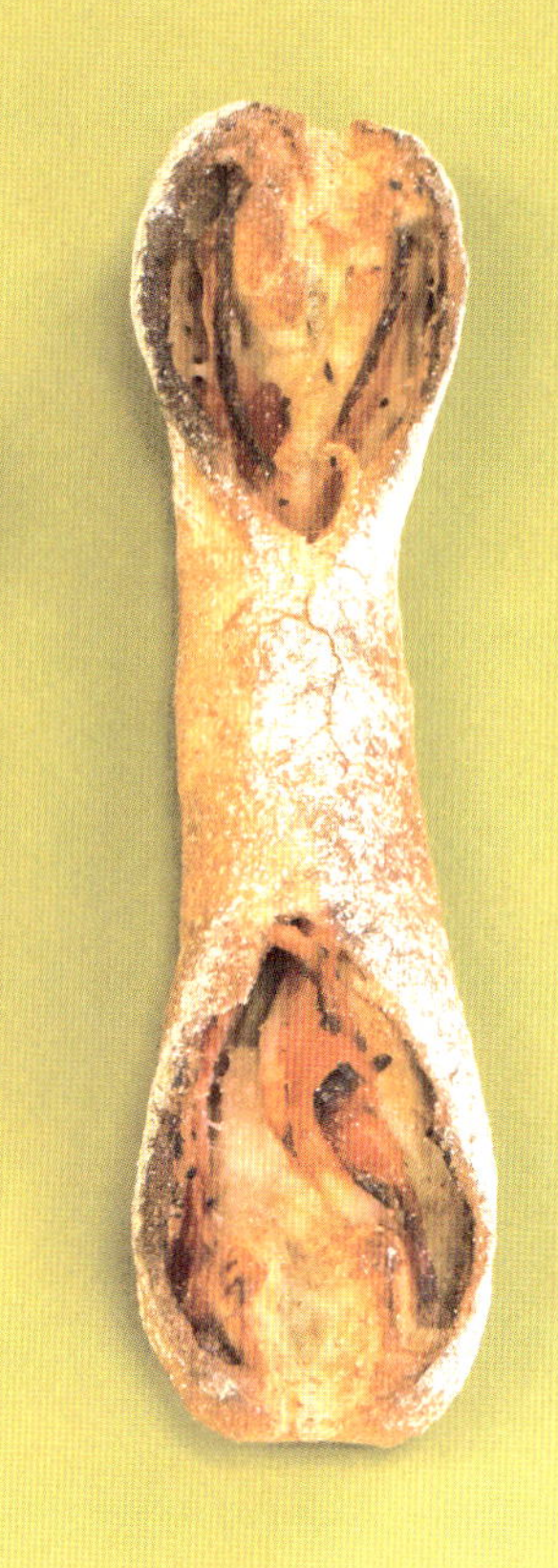

ベーコンパン

バゲット生地の中央に置かれた一枚の厚切りベーコン。ベーコンの塩分に胡椒が加わり、しっかりした味で満足感を与えてくれる一品。

ふすまぱん

小麦を製粉したときに残る外皮の部分が、ふすま。ビタミン豊富で穀物のうまみも味わえる。自家製粉の際にできるふすまを使い、バターや牛乳、はちみつも加えられ、しっとり軽く食べやすいパン。丸かったり細長かったりいろんな形がお店に並び、選ぶのが楽しい。

鎌倉のメインストリートが小町通りだとすると、キビヤのある御成通りは裏メインストリート。観光客相手の店が建ち並ぶ小町通りとはひとあじ違う、小さくてお洒落な個人商店が軒を並べている。そんな御成通りをぐんぐん進んで行くと、角打ちのある酒屋を過ぎたあたりから、パンの焼けるいい匂いがしてくる。そこから鼻と目を利かしていると、ネコのマークのキビヤの看板が見つかるので、その細い路地を左折。

　キビヤベーカリーは、一九四八年創業のパン屋「たからや」が前身。創業当時、アンパンやジャムパンを作っていた店は、娘さんの代になって、天然酵母のパン屋としてリスタート。その娘さんが別の道に進むことになったとき、当時鎌倉で手広くイタリアンレストランをやっていた「レストランKIBIYA」のオーナー夫妻が、二〇〇一年に引き継いだ。その後、夫妻の娘さんが店主となり、「たからや」時代の酵母とレシピを大事に引き継ぎながら、新しいパンのレシピも開発し、今や鎌倉では、天然酵母のハード系パンのことをキビヤ系と呼ぶほど、キビヤのパンは市民権を得ている。

　「うちの両親が引き継いだ時代は、天然酵母パンはまだあまりなくて、固いパンね、としかいわれなかったらしくて、すごく大変だったみたいです」。

　子どもの頃からイタリア料理に親しんできた彼女にとって、パンは常に身近にあるもの。特にハード系のパンは、ちょっと大人の雰囲気で食べるものと認識していて、彼女自身、仕事や子育ての多忙な時間のなかで、ふっと一息つきたいとき、雑事を片づけて、ワインを開けて、食べ損ねていたパンに水を振って温め直し、ゆっくりと口に運びながら、大事な大人の時間を過ごす。

　「うちのパンは、片手間に食べられないんですよね、重いし、固いから」と笑う。キビヤのパンは、忙しいときにポンと口に放りこんで食べるのではなく、ゆっくりと食事として楽しむのに適している。買ってきて慌てて食べなくても、時間が経つほどおいしさは増し、温め直して食べるとまた違った味わいが出るから、幸せが長持ちする。「私にとってパンは、枕みたいなものかなあ」。彼女にとってパンは、いつもそばにあってほしい幸せの象徴で、睡眠と同じくらい大切なもの。

　キビヤのパンは、作るのにも時間がかかる。一次発酵、二次発酵と進んだら、分割成形し

て三次発酵。「職人さんたちは朝四時頃から仕事にかかってくれていて、その姿を見ていると、私ももっと頑張らなきゃと思います」。ほとんどのパンに石臼で挽いた全粒粉を使っているので、食物繊維やカルシウムや鉄分などの栄養もたっぷり。ずっとつなぎ続けているレーズン酵母が店中にしみこんでいるのか、「ライ麦農家のかたが遊びにきてくれたとき、酵母の匂いがするって鼻をクンクンさせてましたよ、匂います？」。

以前に遠くから来店し、「もうここのライ麦百パーセントのパンしか食べられない」という八十代のお客さんに、毎週のようにパンを発送している。ネット販売はしていないが、来店して気に入ってくれたお客さんにはパンを発送する。週末には、東京のデパートの催事に出店することも多く、運がよければ東京でキビヤのパンに遭遇することもできる。

二階には、ひっそりと隠れ家的なビストロがあり、パンとオーガニックワインに合うメニューが揃っていて、ランチとディナー営業。鶴岡八幡宮近くにある段葛店では、イタリアンレストラン時代のキビヤのピザも販売している。キビヤのパンには、モダンな鎌倉の歴史が詰まっている。

KIBIYA BAKERY

本店：鎌倉市御成町五―三四　map I
○四六七（二二）一八六二
一〇時から一八時まで
水曜定休
「鎌倉駅」西口より徒歩五分
段葛店（Come va? SHOP）
：鎌倉市小町二―一三―一　map J
○四六七（二三）六三二八
一一時から一八時まで
水曜定休
「鎌倉駅」東口より徒歩五分

Bergfeld
ベルグフェルド

トースト
名前が示す通り、トーストしたときに最もおいしさを発揮するハードタイプ。飛びぬけたサクサク感は、もっちり、しっとりに慣れた口に新鮮な驚きを与えてくれる。長年のファンも多く、半分の二つ山や小さいサイズでも販売。食パンのタイプでは、他に、卵とバターたっぷりの「レーズンブレッド」、小麦胚芽四〇パーセントを含む「グラハム」、曜日限定で販売される国産小麦一〇〇パーセントの柔らかくて甘めの「ヒューゲルブロート」などがある。少し小ぶりで独特な形も、どことなく異国情緒を感じさせる。

ライ プレーン
ライ麦四〇パーセントをふくむ、ドイツ由来のパン。当日ならば、薄く切って、焼かずにバターをのせて食べるのがおすすめ。翌日以降は軽く焼くとおいしい。グリム童話の絵本で見たような素朴な形も魅力的。同じくライ麦四〇パーセントでキャラウェイシードを入れたタイプのものもある。

プンパニッケル
ライ麦の粗挽きを七〇パーセント使い、サワードウで発酵、四時間蒸し焼きにする。六、七ミリにスライスし、焼かないで食べるのがコツ。少しクセのあるチーズや塩のきいたスモークサーモンやスモークハムなど味のしっかりした具材がよく合う。あるいはクリームチーズとはちみつなどもおすすめ。つぶつぶの穀物のおいしさと発酵の風味をダイレクトに味わえるスペシャルなパン。日持ちもよい。

クロワッサン

土曜・日曜・祝日限定で販売される何種類かのパンのひとつ。発酵バターをふんだんに使い、軽く焼きあげられていて香ばしい。このクロワッサン生地は、夏季にはアンズをのせた「あんずブルンダー」、冬季にはリンゴをのせて「リンゴブルンダー」などでも登場し、人気を呼んでいる。

ザルツブレッツエル

修道士が祈る姿をかたどっているという説もある独特な形をしているが、ドイツではとてもポピュラーで、ビールのつまみとして食べられることも多い。いわゆるお菓子のプレッツエルとは違い、さっくりと柔らかく、岩塩がきいている。

カイザーゼンメル

皇帝のパンという名の、これも、ドイツでポピュラーなパン。星型の模様とたっぷりのゴマが印象的。ぜひ、焼きたてを味わいたい。

塩ツノ

ドイツではこのような三日月型のパンは「小さいツノ」とも呼ばれることから、こんな日本語の愛称がついたのだろう。表面に岩塩とキャラウェイシードが振られ、風味が豊かで味わい深いパン。

リンゴシュネッケン

こんなふうに日本語とドイツ語をさりげなく合わせてしまうネーミングも、この店が愛される理由のひとつかもしれない。シュネッケンはドイツ語でカタツムリ。みんながおいしく食べられるリンゴとシナモンのパン。

手を動かすことの好きだったサラリーマンが、ある日、会社を辞めて神戸へ行き、ドイツ人パン職人が始めた店「フロインドリーブ」のドアを叩いた。約四年かけてパンやお菓子の作りかたをひと通り学んだ後、地元、鎌倉に戻って自分の店を開いたのが一九八〇年。日本人の口にも合うようにアレンジされたフロインドリーブのレシピを大切に受け継ぎながら、オリジナルのパンも加えつつ、三十五年以上を経て、ベルグフェルドは鎌倉ブランドのひとつとなった。息子が継いだ今も、創業者である父は早朝から厨房に立つし配達もする、筋金入りのパン屋さんである。

　現在、店の中心である二代目店主のパン作りの指針になっているのは、幼い頃に食べたパンの味だという。「子どもの頃に感じた、思い出のなかの『おいしい』には、どんな味もかなわないと思います。あのときのおいしさっていうのは、本当に心の底からおいしかった」。

　彼の細胞には、おいしいパンの記憶が鮮明に刻みこまれている。謙遜からか、はっきり口には出さないけれど、それはきっと父親の焼いたパンだったのだろう。記憶のなかの最もおいしいパンを再現したい。成形のタイミングやこねかたなど、レシピとして表せない微妙な技術は、時間が経つとどうしても変わってきてしまう。使う食材も変化するから、それに合わせた調整も必要になる。創業当時はどういうふうに作っていたのか、どういう味だったのか、想像を働かせ、正解をさぐってゆく。「ぎりぎりまで踏みとどまって粘ってね、自分の求める味とお客様の満足との、より高い接点を探したいんです。それが苦労でもあるけれど、楽しいんです」。

　ドイツパンといえばライ麦の素朴な味、しっかりとした噛みごたえ、そして、サワードウの酸味。食べ物全般に柔らかさや甘さを求めがちな今の傾向は逆風なのかと思いきや、ドイツ風のパンはむしろ少しずつ増えているという。「大切なのはお客様とのやりとり。いいライブは、聴衆と演奏者の境目が曖昧になるように思います。店のお客様に自分の店のように思ってもらうのが理想です」。店を継ぐ前は音楽家を目指していたという二代目はそう言って、笑顔になった。

Bergfeld

本店：鎌倉市雪ノ下三―九―二四　map K
〇四六七（二四）二七〇六
九時から一八時半まで
火曜・第三月曜定休
「鎌倉駅」東口より徒歩一五分
「鎌倉駅東口」よりバス「岐れ道」下車目の前

長谷店：鎌倉市長谷二―一三―四七　map L
〇四六七（二四）九八四三
十時半から一八時半まで
無休
江ノ電「長谷駅」より徒歩三分

http://bergfeld-kamakura.com

歌集『パン屋のパンセ』より

杉﨑恒夫

バゲットを一本抱いて帰るみちバゲットはほとんど祈りにちかい

気の付かないほどの悲しみのある日にはクロワッサンの空気をたべる

ブドウぱんのどこを切っても均等なブドウのような愛はいらない

アンパンの幸福感をふくらます三分の空気と七分のアンコ

あたたかいパンをゆたかに売る街は幸せの街と一目で分かる

mamane

ママネ

あんぱん

生地の素材は、北海道産小麦とバター、きび砂糖、天然塩。定番として使っている酒粕から培養した酵母の風味が十勝産小豆をきび砂糖で炊きあげた粒あんと調和する。人気商品のひとつ。

ライフルーツ

ライ麦と全粒粉をそれぞれ三〇パーセントふくむ生地に、レーズン、イチジク、レモンピールをぎっしりと混ぜこんでいる。

カンパーニュ

しっかりと焼き色のついた野性味あふれる姿が印象的。ライ麦と全粒粉がそれぞれ三〇パーセントの生地は、決して重すぎず食べやすい。焼きあげた後も刻々と熟成が進み変化していく味も楽しみたい。

食パン

北海道産小麦と天然塩だけから作られているから、小麦そのもののおいしさと酵母の風味を存分に味わえる。一晩かけて低温発酵させた、深みのある味が魅力。全粒粉が五〇パーセントふくまれる。

パンコンプレ

全粒粉一〇パーセント。大きめな気泡としっとりした食感。スープやワインと合わせたり、タルティーヌにしたり、パンを食べる楽しみが広がる。切り分けたかたまりを、可愛らしい赤いスケールで量り売りする。

鎌倉駅東口からの大通り、若宮大路をひたすら海に向かって歩く。そして海が間近に感じられてきた頃、海岸橋の交差点を左折。海に注ぐ大きな川、滑川を渡ってしばらく進めば静かな住宅街が広がる。ここ材木座は、海とともにある町で、古い漁師町の懐かしさと、海を愛する人々の若々しさが共存している。

材木座海岸の小さな小屋でmamaneがスタートしたのは二〇〇九年。友人の営むデリカテッセン店などへ納めるために作りはじめたパンを玄関先で売るうちに口コミで人気が広まり、定着し、二〇一四年に本格的なショップとしてオープンしたのが今の店舗。ママネとは、ハワイ固有種の樹木の名。店には大らかでゆったりとした雰囲気が漂うが、並んでいるパンはあくまで端正で、ていねいな仕事ぶりがうかがえる。

mamaneのパンを特徴づけるのは、酒粕から培養した酵母。スタート当初は干しブドウから起こした酵母を使っていたが、金沢の老舗酒蔵「福光屋」の酒粕と出合い、魅了されたという。一番の魅力は、焼きあげたときの香り。小麦の香りを邪魔しない程度だが、パンを口に運ぶと、存在感のある滋味深い香りを感じることができる。酒粕の酵母は安定しているし、培養を重ねていくことによって力をつけていくたくましさもある。

定番のもののほかに、季節のパンも多く出している。季節ごとの果物や野菜をフィリングにしたり生地に練りこんだりするだけでなく、それらから酵母エキスを起こす。例えば、一、二月はいちご酵母を使ったデニッシュ、三月から五月はレモン酵母のレモンロール、夏の間はトマトとバジル酵母のフォカッチャ、秋は生のぶどう、キャンベルの酵母を使ったカンパーニュなどなど、バリエーションは豊か。

製造は、店主の女性が、ひとりでほとんどをこなしている。

「人間が気持ちいいと感じる温度や湿度ってあるでしょう? それと同じなんです。人間より少し高めの温度や湿度、そんな環境を作ってやると、酵母も気持ちよさそうにするんです」と、自分の子どもかペットのことを語るときのような表情で彼女はいう。「日本人は、味噌やぬか漬けとずっと身近につき合ってきて、酵母に対する感覚を体のなかに育ててきていると思うんです。だからパン酵母とつき合うときは、この感覚を呼び覚ませばいいんじゃないかな、理屈よりも」。

こねた小麦を一晩おいたら発酵していた——その偶然の発見がパンの起源だといわれる。目に見えぬ菌がパンをふくらませると知り、「パンって面白い」と思った。その後、東京・富ヶ谷の名店「ルヴァン」のパンとの出合いから天然酵母に興味をもち、キビヤベーカリーでパン作りの仕事に携わるようになったことが、mamane誕生の背景にある。

「玄関先で売りはじめたときは、二、三年やってみてダメだったらやめればいい、少しの間夢が叶ったんだからそれで充分、くらいの気持ちでした。それが大きなオーブンを買って、店を作って……まさか本当に自分がパン屋さんになれるとは思わなかったんですけれどね、いろいろな縁があったり、友人たちが『がんばりな』って背中を押し続けてくれて、思いがけず夢が叶ってしまったという感じなんです」という。でもその一方で、パン屋を始める前から、自分はおいしいパンを作れるという根拠のない自信があったともいうから、天職とはそういうものなのかもしれない。

開店前、初めて使う新しいオーブンに手こずって「オーブンのメーカーの社長さんに味見してもらったら、これだったら焼き芋のほうがうまいよと言われて、ああ、ショック！　なんてこともありました」と、今では笑い話だが、真剣にパンと格闘する彼女の姿が目に浮かぶ。

天然酵母パンは硬くて酸っぱいというイメージを払拭したかったと語る店主の焼くパンは、お腹にたまるしっかりとしたパンでありながら、食べやすく親しみやすい。毎日食べたくなるパンだ。週の半分だけの営業だが、これが、mamaneのパンを作り続けていくベストなペースなのだ。人を雇う経費を最小限にすれば、よい素材を使っても価格を抑えられる。地元の人々に愛されながら、長くパン作りを続けていきたいという思いが形になった、どこまでも誠実なパン屋さんである。

mamane
鎌倉市材木座五—九—三一　map M
〇四六七（二三）六八七七
一一時半から一八時まで
日曜・月曜・火曜定休
「鎌倉駅」東口より徒歩二〇分
http://mamane.exblog.jp

PARADISE ALLEY BREAD & CO.

パラダイス　アレイ　ブレッドカンパニー

ドライフルーツとナッツのパン

季節によって、フルーツとナッツの種類や組み合わせは変わるが、しっかりとした噛みごたえが人気のカンパーニュ。常連客は、クルミパン、ブドウパンなど自分の好きな名前で呼んでいる。繊細なステンシル模様がほどこされたパンは、いまやこの店のシンボル的存在。模様ではなく、発酵とか平和とか、ストレートなメッセージが記されていることもある。

あんぱん

北海道産のあんは、上品で、しっとりとした甘さ。全粒粉入りのパン生地とのバランスがよく、心根のまっすぐなあんぱん。同じ形で、中身が金山寺みそや、クリームチーズのパンもある。写真中央は、竹炭あんぱん。

竹炭パン

写真は強力粉を使ったプレーンタイプ。竹炭は無臭。シンプルな生地だから、酵母の深い香りがより引きたち、精神性の高いパンとなる。ライ麦や全粒粉を使って焼かれるときもある。ひとつひとつふくらみかたが違うので、形で選ぶ楽しみもある。変わることに躊躇のないこの店では、同じ名前のパンでも、訪れるたびに形が違っていたり、トッピングが違っていることもある。店頭で、新しいパンとの出合いを楽しみ、変化を楽しむのが、パラダイスアレイ流。

パラダイスアレイは、鎌倉駅から若宮大路を三分ほど海へ下った「レンバイ」のなかにある。レンバイとは、昭和三年から続いている鎌倉市農協連即売所の通称。毎朝早くから、鎌倉の農家が日替わりで、採れたての野菜を売っている。実はこの古い市場は日本初のヨーロッパ式マルシェで、早い時間に行くと、東京の有名なレストランのシェフたちが、美しい鎌倉野菜を大量に買いこんでいる姿も見られる。

十年前、そんな市場の一画に、「休憩所みたいな感じ」で店を始めた店主は、鎌倉生まれ、鎌倉育ち。彼が幼い頃に、母親が自宅でパン作り教室や料理教室を始めたことから、いたって自然に料理を手伝う子どもになり、普通にパンを焼ける大人になった。「家でパンを焼くのって、当たり前に誰でもやることだと思っていた」から、特に自分の才能に気づくこともなく、世界を放浪したり、友人たちと海の家を経営したり、集まってきた「放浪癖のあるやつら」と、ロンドンの二階建てバスを改造し、三カ月間の日本縦断の旅にも出た。「若い頃はふらふらしてました」。

旅から戻ってひとりになり、虚脱感のなか、縁あって借りることになった市場内で始めたのが、野菜スープとパンを出す休憩所。「よくわかんないまんまやり始めたんですよ」。店の名前を問えば、「極楽横丁って感じかな」と教えてくれた。

最初の頃は、安定した味が出る市販の天然酵母を使ってパンを焼いていたが、それでお客さんにおいしいといわれても腑に落ちなくて、リンゴやニンジンやヤマイモから酵母を作ってみた。するとそれがうまくいったので、それからは、季節の野菜や果物から作った酵母を、元の種にどんどん混ぜている。「だからうちの酵母はごちゃまぜ酵母なんです」。

酵母を作りはじめたとき、息子も生まれた。何を食べさせればいいのか、どちらもわからない世界だったが、あるとき、酵母も赤ちゃんと同じなんだと気づいたら面白くなった。酵母も人も培養されて大きくなる。人間も菌なんだと気づいたとき、日々の生命活動が培養で、自分自身も発酵していることを感じた。「英語では、畑を耕すことも培養することも、同じカルティベートという言葉を使うでしょう。カルティベートは動詞で、ここからカルチャーっていう名詞もできている。人は培養されて生きていて、文化を作るんですよね」。

ここに集まって来る人たちとの縁を大事に

しながら生きている。人の縁が発酵し、発酵が極まって腐れ縁になっていくことが面白い。発酵することも腐ることも本来は同じことで、人間の価値判断を加えて区別しているだけ。たまに酵母菌を水で薄めて顕微鏡で見ている。「菌は命の集合体なんですよ。僕らの生きている世界と同じです」。

「店を始める前は、どうやって社会と関わらないで生きていけるかってことしか考えてなかったけど、店を始めてからは、パンを介してどれだけ社会と関わっていけるかを考えてるから不思議です」。

　思いつきでパンを作ることもあるので、一度しかできないものもあり、それを食べたお客さんから、「この前のアレありますか？　って聞かれて、アレって何だっけ？　みたいなこと、よくあります」。

　市場のなかにあるから、ピザやフォカッチャには、当たり前のこととして鎌倉野菜を使っている。地ビール（ヨロッコビール）を造り始めた友人と一緒に借りた逗子の工場は、古いコンニャク屋の跡地。当然の如く、ビール酵母も種に加えた。その辺にあるパンをつまみながら作業するので、それがうまい具合に試食となって、もっとおいしいパンを焼こうと思う。のんびりとしながらも、頭のなかは、次にやることの妄想でふくらんでいる。

　ここには、鎌倉時間と呼ばれる時間が流れているが、そのなかでふくらんだ妄想が、やがてカタチになることを彼は知っている。

PARADISE ALLEY BREAD & CO.

鎌倉市小町一—一三—一〇　map N
八時から一九時頃まで
不定休
「鎌倉駅」東口より徒歩五分
http://cafecactus519.com/paradisealley/

みゆきぱん

Miyuki PAN

抹茶かのこぱん

生地に白あんと抹茶を練りこみ、金時豆、うぐいす豆、大納言、白いんげんの四種の豆も入った和の風味のあるパン。開店したばかりの頃からの人気商品。この店のほとんどのパンは、小麦粉はカナダ産のCW1という最高品種を使い、酵母は野生酵母を使用している。

ミルクパン

どのパンも見た目通り優しい味のするものばかりだが、このミルクパンはとくに小さめの形とふんわりした歯ごたえで子どもにも食べやすい。牛乳で仕込んだミルククリームを層にして焼きあげている。砕いたココアのクッキー入り。

甘麹のプルマンブレッド

生地に甘麹を加えてある。甘麹は、麹ともち米を合わせたものに低温でじっくり火を入れることによってでんぷんを糖化させたもので、パンにほのかでありながら深い甘みがある。パン生地に加えることによって、もちもちとした食感となる。食パン類は、他に、「大麦の食パン」「こんにゃく仕込みのクリスピーブレッド」「クルミとレーズンブレッド」「ヨーグルトの胚芽ブレッド」など、いろいろな種類がある。

渋皮栗のマフィン

マフィンはいつも三、四種類が並ぶ。季節ごとにラインナップの変わるのが訪れる客の楽しみになっている。こちらは渋皮栗がたっぷり入った秋らしい一品。春から夏にはさまざまなフルーツやヨーグルトが加わる。

いちじくのマフィン

年間を通して店に並ぶ定番マフィンのひとつ。ヨーグルトを合わせたマフィン生地に、少し甘ずっぱいアクセントとして、無漂白の白イチジクを使用。

もっちりあんぱん

生地にたっぷりの甘麹が入り、もっちりとした食感と甘い香りがする。この生地だけの「ハイジのもっちり白パン」も人気だが、こちらは季節のアレンジとして、九州産の紫芋と白あんをミックスしたあん入り。

由比ヶ浜通りは、昔ながらの店に混じって個性的でお洒落なショップが点在し、鎌倉駅から長谷寺や大仏への少し遠い道のりを歩く観光客を飽きさせないが、そのなかでも、みゆきぱんの白い大きなドアと金色のロゴは、通りすぎる人の視線をかなり高い確率でとらえる。ドアが開いているのは平均して週三日だが、それでも、二〇一二年のオープン当時は週二日だったのを、客の要望にこたえる形で去年から増やした。営業日には、この大きなドアが途切れることなく開けられて、すみずみにまで心を配ったインテリアと、きちんと選ばれた音楽が客を迎える。

誰にでも覚えやすい店名は、店主の名前。みゆきさんの焼くパンは、姿も味も、優しくて柔らかくて、食べる者をほっとさせる。もともとよくお菓子作りをしていたが、初めてパンを焼いたとき、「自分の手でこねて焼いたパンってこんなにおいしいんだとびっくりした」のだという。それからというもの、シンプルな材料の組み合わせによって無限のバリエーションが生まれるパン作りの面白さに夢中になっていった。

店主の記憶のなかに、ある一軒のパン屋がある。近所のお年寄りから子どもまで誰からも愛されていたその店に、子どもだった頃、百円玉を握りしめて買いに行っていた。しかし、夫婦が営んでいた店はいつの間にか消えてしまい、気がつくと縁あって、その店があった二軒隣りに自分がパン屋を開くことになった。その幸福な思い出のイメージが、みゆきぱんの優しさの根っこにある。

良質の材料を使ってていねいに手作り。仕込みから販売まで、ほぼひとりでこなすには、今のペースがちょうどいい。物腰は控えめだが、野生酵母を使ったり、こんにゃく粒入りの低カロリーのパンを開発して顧客の心をつかんだり、「これから試したい粉もいろいろあるんです」と、ひたむきでもある。

来店した若い女性が押すベビーカーで眠る赤ちゃんが大人になる日まで、みゆきぱんに灯る幸福のイメージが、長く心に残り続けていてほしい。

みゆきぱん

鎌倉市由比ガ浜二―四―三八　map ○
○八○（八八三七）八一八○
一○時半から一六時まで。売り切れ次第終了
水曜・金曜・土曜営業。臨時休業、臨時営業あり
「鎌倉駅」西口より徒歩五分
江ノ電「和田塚駅」より徒歩五分
http://miyukipan.com

鎌倉とパンと私

いがらしろみさん

インタビュー

いがらし・ろみ
菓子研究家。二〇〇四年、鎌倉にジャム専門店「Romi-Unie Confiture」を、〇八年には、東京に焼き菓子とジャムの店「Maison romi-unie」をオープンする。その他、お菓子教室の運営、カップケーキ店やスコーン店のプロデュース、商品企画やデザインも手がける。出身は東京だが二〇〇〇年に鎌倉へ移住、鎌倉を拠点に活躍中。

　鎌倉にジャムのお店を開いてから、もう十二年です。ジャムは、パンに塗ったり、ヨーグルトに入れたりはもちろん、ドレッシングに加えたり、チーズに少し添えたり、楽しみかたはいろいろなんですよ。コンビニのパンや安売りのヨーグルトでも、もっとおいしく食べてもらえるといいなと思って作っているんです。お店には季節のフルーツを使ったジャム約三十種類に、定番のジャム約十種類がいつも並んでいます。お客様にも長く愛されて、私たち自身もおいしいと思うものを作っていきたいですし、日本の豊富な柑橘類を使ったマーマレードなどは、これから増やしていきたいですね。

　パン屋さんとのコラボから生まれたジャムもあります。コラボを始めた最初は、パン屋さんと自分とで、おいしいと思うジャムが違っていることに気づき、少しとまどいました。いろいろ試してみた結果、思い切ってお砂糖を抑えたものが、ジャムだけが主張することなく、パンの味を引き立てるということがわかってきたんです。そうやって生まれたのが「プ・ル・パン」というシリーズで、少し味は弱く感じられるかもしれませんが、その分、小麦粉の風味やトーストしたときの香ばしさなどを、繊細に感じとることができると思います。

　このシリーズは今は三種類あって、「マルティニーク」というシンプルなバナナのジャム、フランボワーズに少しだけキルシュをホワッときかせた「パリ」、そして「ル・ヴァール」は、フランス産のイチジクのジャムにオーガニックのクルミが入ったもので、これは、ライ麦パンやパン・ド・カンパーニュにつけて食べることをイメージして作りました。

　お菓子の勉強でフランスに留学していたことがありますが、やはりフランスはパンの国だな、と感じましたね。小麦粉でも、バターでも、素材そのものにパワーがありますし、最初に食べたときはとても感動しました。パリに一年、ドイツ国境に近いストラスブールに一年いたのですが、ライフスタイルや風土に合ったそれぞれのパンの文化があるんだなと感じました。

　最近は日本のパンも日進月歩で、バゲットもどんどんおいしいものが出てくるし、種類の多さでいえば日本のほうが勝っているかもしれませんね。私は、昔ながらの菓子パンや惣菜パンも好きですし、おもしろいなって思います。パン屋さんは、味ももちろん大切ですが、お店が近くにあるということも大事ですよね。鎌倉にも、もっともっとたくさんのパン屋さんができるといいなと思ってます。

（談）

風の杜

バゲットのサンドイッチ
土曜・日曜だけバゲットとカンパーニュが焼かれる。バゲットは麹酵母、カンパーニュはレーズン酵母を使用。これはニンジンのラペと豚のリエットがたっぷり挟まれたサンドイッチ。

八角
神使とされる八幡宮の鳩の焼き印のついた食パンは、なめらかで上品な味わい。石窯で焼くので短い時間で焼きあがり、水分が飛ばず、もっちりしている。

八山
生地に玄米と押し麦が入り、上品さに素朴な風味がプラスされた山食パン。生地をぐるりと丸めて型に入れて焼くので、側面にロール状の模様ができる。

お宮のお焼きあんぱん
菓子生地で焼かれた三種の小ぶりのお焼き。なかには、粒あん、抹茶あん、季節のあん。季節のあんは、ラズベリー、夏ミカン、サツマイモなどが登場。和の風味もあり、お土産にも最適。

鎌倉随一のランドマークである鶴岡八幡宮は、源氏ゆかりの神社であり、地理的、歴史的、精神的、いろんな意味で鎌倉に住む人たちのひとつの中心になっている。この八幡宮の入り口の大きな赤い鳥居をくぐったすぐ左の平家池のほとりに、急ぎ足でお参りだけを済ませる人には見つけられない喫茶店がある。「あれ、こんなところにお店があったとは」と入ってくるお客さんは、「あれ、こんなところでパンが買えるとは」と驚くことになる。

八幡宮の喫茶「風の杜」が、食パンやバゲットを焼くようになったのは、三年前の改装後から。もっと地元の人に来てもらいたいと、改装時に大きな石窯を入れ、食卓にいつもあるパンを目指し、パン職人が黙々と、シンプルなパンを焼いている。

朝の散歩の途中でパンの存在を知った年配の人や、出勤時に境内を通りぬけるサラリーマン、観光したい友人を八幡宮に連れてきた地元の人などが、穴場的な喫茶店のパンの存在を知り、一度買ったらリピートしている。

平家池が臨めるガラス張りの店内では、朝十一時までにドリンクを頼むと、サービスでトーストが一枚ついてくる。食パンのサンドイッチは毎日のメニューに、そして、週末にはボリュームたっぷりのバゲットサンドも加わる。食べた人が、「あら、おいしいわね」といって、お土産に買っていくことも多い。

真っ黒で大きなパン窯は、客の座る席からも見える位置にあるので、パン職人が立ち働く姿を、客たちはコーヒーカップ片手に興味深げに眺めている。天井の高い空間は開放感があり、平家池の景色を眺めながら、まるで森のなかにいるかのような時を過ごせる。池に蓮が咲く時期も、桜の季節も真夏日も、静かな平日の朝も、賑やかな休日の午後も、ここにはおだやかで平和な時間が流れている。もしも雪の日に訪れたなら、水墨画のような景色に囲まれて、いつもと違う鎌倉を発見できるだろう。

風の杜

鎌倉市雪ノ下二―一―三一　map P
〇四六七（六一）三一〇六
九時から一七時まで（ラストオーダー一六時半）
パンは売り切れ次第終了
無休
「鎌倉駅」東口より徒歩一〇分

f

たい焼き　なみへい

焼きピロシキ

ピロシキの具は、和牛挽き肉、ゆで卵、タマネギ。ハーブとスパイスが絶妙に効いている。日本でピロシキというと揚げてあるもののイメージが強いが、本場ロシアのピロシキは八割が焼きピロシキなのだとか。たい焼きと並ぶ定番人気商品。

ベーグルドッグ

看板には「たい焼き」とあっても、この店のベーグルは決して片手間仕事ではなく、ベーグル専門店としての顔ももっている。ソーセージを包むプレーンなベーグルは、国産小麦のほのかな甘みと、酵母のまろやかな風味がいきている。ひと口ごとにパンがちぎれるような形は、食べ歩きする人への細かな心配り。

五穀ベーグル

定番のプレーンベーグルのほか、オレンジチョコ、レモンクリームチーズなど日替わりで各種ある。この五穀ベーグルは、大豆、玄米、黒ごま、押し麦、キヌア入りで、もっちりとしてごまの風味がアクセント。

五年前にオープンしたとき、「たい焼きだけでやっていけるのかしら」と近所の人々に心配されていたなみへいだが、今や鎌倉から長谷の大仏へと観光客が歩く由比ヶ浜通りの有名店になった。

三十一歳の店主は実は横浜で天然酵母のベーグル専門店も経営していて、夜から仕込んだ生地を早朝からこねてパンを作ったりしているのに、通学路として店前を通る子どもたちから、「ねえ、いつ働いてるの?」なんて聞かれたりしている。「僕は社長なんだよ」といっても、「ふーん」と流されて、子どもたちと一緒に笑いながらおいしいたい焼きを焼いている。

由比ガ浜の波が平和に長く続きますようにと名づけられたなみへいの店内には、ちゃぶ台のある小さな座敷や古い椅子のあるカウンターもあり、買ったパンやたい焼きを奥で食べることができる。

店主は本気の駄菓子屋を目指したいというが、そもそもたい焼きからして、鉄の焼き型で一個ずつ焼きあげる一丁焼きの、本格的なたい焼きだ。そしてパンも同様、国産小麦とあこ天然培養酵母を使った正真正銘自家製パン。一番人気は焼きピロシキで、コッペパンや各種ベーグル、つぶしクリームチーズあんぱん、木いちごクリームチーズあんぱん、しらすのフォカッチャなど、各種パンが日替わりで登場し、それらは駄菓子のように店頭に気軽に並べられているが本気でおいしい。

もうひとつの看板メニューの焼きそばも、同じく決して侮るべからず。一見屋台の焼きそば風だが、実は手のこんだ焼きそばで、修学旅行生が「こんなうまい焼きそばは東京にはない」と太鼓判をおしてくれたほどで、この焼きそばがいつの日か焼きそばパンになるのではないかとひそかに願っている常連客は多い。夏には、たくさんの種類の本格かき氷も登場し、あの手この手で客を楽しませてくれている。

たい焼き　なみへい

鎌倉市長谷一―八―一〇　map Q
〇四六七（二四）七九〇〇
一〇時から一八時まで
月曜定休
「鎌倉駅」西口より徒歩二〇分
江ノ電「由比ヶ浜駅」より徒歩三分
江ノ電「長谷駅」より徒歩五分
http://taiyaki-namihei.com

日進堂

じゃがチーズパン

カレーパンと並ぶほどの人気。たっぷり入ったジャガイモは、塩胡椒味。とろけるチーズが入ったものと、とろけないチーズのと、揚げたものの三種類がある。

辛口カレーパン

定番人気のカレーパンは辛口と甘口を揃える。年配の常連さんたちの健康を気遣い、揚げずに焼くカレーパンを作りはじめた。

メロンパン

誰もが子どもの頃に食べた、懐かしいメロンパンの味がする。時代とともに、甘さは控えめになったが、それでも甘い思い出の味。

粗挽きソーセージパン

どこまでもシンプルな、ケチャップとマスタードと粗挽きソーセージだけのホットドッグ。ポリっと齧りながら食べ歩ける。

チョココロネ

つぶつぶピーナツ、オレオクリーム、イチゴミルクなど、コロネは常時十数種類が並ぶ。夏にはラムネのあんこが入ったコロネが登場する。

サンドイッチ

手作りのポテトサラダはマヨネーズ控えめ。新鮮なキュウリがカリッとしているうちに食べたい。手でつまむとへこむ柔らかいパンが嬉しい。

鎌倉へ越してきた人は、必ずといっていいほど、日進堂へはもう行ったか？　と聞かれる。昭和二十三年創業の日進堂は、それくらい鎌倉の人々の生活に根づいていて、親子三代にわたって来店するお客さんも多い。

今は会長となっている日進堂の初代は九十歳。「お喋りでねえ、話が止まらなくてねえ、帰ろうとするお客さんを追っかけて喋ってるから申し訳なくてねえ」というのは、ここで一番長く働いている会長の娘さん。

創業当時はカウンターにバターやジャムの缶が置いてあり、お客さんは買ったコッペパンにその場で塗って食べていたという。そんな幸せな記憶をもつ年配の方々と、昔話に花を咲かせたり、今は減ったが鎌倉の幼稚園から小学校、中学校、高校までの給食のパンも作っているので、「オバサン、僕の身体の八割は日進堂でできてるんだよ」という近所の高校生に、「だから頭がいいんだねえ」と切り返したりしている。

近所の人が毎日買っても苦にならないよう、お金のかからないパン、お年寄りでも安心して食べられるパンを作っている。近所の人は、どのパンが何時ごろ焼けるか熟知しているので、ほかほかの焼きたてパンを買うために、わらわらと人が寄ってくる。なぜか遠い土地からの修学旅行生たちもやってくる。

「ウチは古いタイプのパン屋だから、流行りのパンは作れないのよ」というが、鎌倉に新しくできたハンバーガー屋にもパンを卸している。昔からある喫茶店は、日進堂のパンをトーストにして出しているところが多い。サンドイッチは、「普通に素材だけの味」。数えたことがないから正確にはわからないというパンは、日替わりで五十種類くらいはある。

日進堂

鎌倉市大町二―一―三　map R
〇四六七（二二）〇四七九
六時から一八時まで
無休

「鎌倉駅」東口より徒歩一〇分

豊島屋　扉店

ドライトマトとクリームチーズ
びっくりするほど分厚いクリームチーズが入ったパンはクルミパンの生地。クルミのかすかなほろ苦さとドライトマトのハーブ風味が乙な味。

キューブあんぱん
立方体の珍しい形はお土産にも最適。あんのなかに求肥が入っていて上品な味。同じ形の「キューブ焼きそば」もあり、そちらはなかに、焼きそばに埋もれながらウズラの卵が丸ごと入っている。

ミルクフランス
ソフトフランスの生地を頬ばると柔らかくて控えめな甘さの練乳クリームがはみ出すという人気のシリーズ。写真はラムレーズン。他に、プレーン、コーヒー、ピーナッツなども。

きんぴらチーズ
ソフトフランスの生地にしゃきしゃきとしたきんぴらごぼうが、ごはんのおかずになるくらい入っていて、さらにチーズをかける意外性。定番人気商品。

たこぽん
紅ショウガとタコが入ったタコ焼きのようなパン。一口サイズで、もちもちとした食感。

カレーぽん
エスニックカレー味のポンデケージョには、福神漬けも入っている。チーズの風味がマッチしている。

一八九四年創業の鳩サブレーの豊島屋が、二〇一四年末、突然、パンを作り始めた。地元の人はもちろん、観光客のみならず、豊島屋の社員もびっくりした。実は戦後の食糧難時代、お菓子を作る材料が手に入らず、やむなく菓子業を休業していたのだが、政府から、電気窯を持っているからという理由でパンを作るよう依頼され、乏しい材料で、ほぼ知識もないままパンを作っていたことがあったという。「あのときはおいしいパンを作れなくて申し訳なかった」という先代の想いが、長い年月を経て、念願のパン部門設立となった。

パン部門スタートを決断した現社長は、職人が試作するパンをすべて自ら試食し新メニュー開発の先頭に立つ。豊島屋の看板を背負った職人たち数名が、店の二階にあるパン工房で、今日も次々にパンを焼きあげている。

店内の長いガラスのショーケースには、食パン、バゲット、カンパーニュなどハード系のパン、スイーツ系、惣菜系、そして、他店では見られない独創的なパンが、数も種類も豊富に並ぶ。菓子店の作るパンならではの特色もある。クロワッサンに使うバターは、鳩サブレーに使っているバターと同じ。あんぱんのあんは、揺るぎない老舗の味。

遠足で訪れる小学生たちも、休日の夕方、東京へ向かう横須賀線に乗りこむ観光客たちも、みな、その手に豊島屋の黄色い袋を持っている。それは鎌倉の住民にとっては日常の風景であり、鳩サブレーは鎌倉土産の代名詞。鎌倉の街に豊島屋の存在感は大きく、豊島屋のパンもしかり。とはいえ、豊島屋の目は観光客だけでなく地元民へもしっかり向けられている。朝七時の開店に合わせて朝食用の焼きたてを求めたり、日常の食卓用にと店を訪れる客も多い。

俳人の久保田万太郎が「鎌倉の扉になれ」と名づけた駅前のこの店は、行ってらっしゃい、お帰りなさいと、住む人、訪れる人を見守っている。

豊島屋　扉店

鎌倉市小町一―六―二〇　map S
〇四六七（二五）〇五〇五
七時から一八時まで。土曜・日曜・祝日は九時から
イートインは一七時半まで
火曜定休
「鎌倉駅」東口駅前
http://www.hato.co.jp/hato/tobira.html

朝のパン

石垣りん

毎朝
太陽が地平線から顔を出すように
パンが
鉄板の上から顔を出します。
どちらにも
火が燃えています。
私のいのちの
燃える思いは
どこからせり上がってくるのでしょう。
いちにちのはじめにパンを
指先でちぎって口にはこぶ
大切な儀式を
「日常」と申します。

やがて
屋根という屋根の下から顔を出す
こんがりとあたたかいものは
にんげん
です。

詩集『略歴』より

れのかまくら

塩パン

この店では、小麦粉はハルユタカブレンド、酵母はホシノ天然酵母を使用している。フランスパンも人気だが、こちらは、フランスパンの生地にバターを巻きこんで成形し、岩塩を振って焼きあげている。

オーガニック全粒粉角食くるみレーズン

毎日の食卓用に食パン類が充実しているのが特徴。プレーンなものはもちろん、ごま、レーズン、オレンジピールなど種類はいろいろ。この食パンは全粒粉を加えたシンプルな生地に、たくさんのレーズンとくるみがごろごろとぜいたくに入っている。

煮こみハンバーグ丸ごとパン

しっかりとした味がつけられた手作りのハンバーグは、まさに家庭の味。惣菜系のパンでは、ほかに、SPF豚を使った「ウィンナーロール」、「キーマカレーの焼きカレーパン」などもある。

四色豆パン

パンというより和菓子を食べているようだといわれたこともあるほど、優しい甘さの豆がぜいたくに使われている。

浄明寺は、神秘的な自然を残すエリアで、バス通りから路地を入れば車も通らない静かな住宅街となる。路地と交差しながら澄んだ水をたたえる細い川が走り、いくつもの小さな古い橋が風情を添えている。

れの かまくらは、可愛らしいサルの描かれた看板を別にすれば、一般の住宅と変わらない外観で、なかに入ればカフェスペースもある。毎日の食卓のパンを定期的に買い求める人、知り合いへの手土産を求めに子ども連れで来る若いお母さん。客と店主の交わす会話から、この店がどれほど深く地域に溶けこんでいるかがよくわかる。

食パン、フランスパンやクロワッサンから、菓子パンや惣菜パン、ドーナツなど約三十種のパンを扱う。お母さんが手作りしたかのような優しい顔をしたパンたちだが、もっちりとした食感も、整った形も、安定した技術をもつプロのていねいな仕事が生みだすものだ。フィリング類もできるだけ手作りする。

女性店主が、ほぼひとりきりで切りまわす。以前埼玉県でカフェを営んでいたが、三年ほどかけてパン作りを学び、資格をとって、二〇〇九年にこの店をオープンした。家事と無理なく両立できるペースで営業しているが、パンの仕込みから販売、片づけまで、ほぼひとりきりでひとつの店を続けていくことは、たやすいことではないだろう。

パンにも店の雰囲気にも、押しつけがましさや派手な主張は一切ないけれど、このパン屋の存在は、近所に住む人たちの食の楽しみを、あたたかく、しっかりと支えているのだろう。

れの かまくら

鎌倉市浄明寺一―九―六　map T
〇四六七（二四）二八三六
一一時から売り切れ次第終了
木・金・第一土曜・第三土曜に営業
「鎌倉駅」東口より徒歩二五分
「鎌倉駅東口」からバス「杉本観音」下車徒歩四分
http://hwsa6.gyao.ne.jp/reno-kamakura

CHICCHIRICHI

キッキリキ

ミニトマトのフォカッチャ

直径二〇センチ近くあるもちもちした生地の上に、きちんとトマトの酸味が感じられるトマトソースにミニトマトにチーズ。フォカッチャシリーズのバリエーションは多数あるが、毎日そのうちの六種類ほどが登場。年齢性別問わず好まれそうな、ナチュラルで食べやすい味。

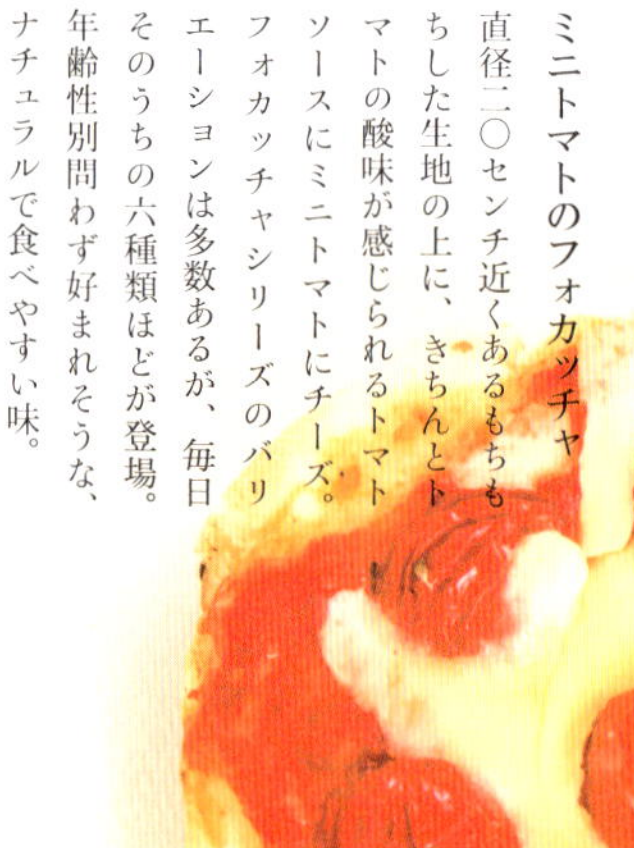

ホタテのカルツォーネ

開店以来の人気商品。少しさっくりした生地のなかにホタテとトマトとチーズのフィリング入り。「日本人はなんでもきれいに作りすぎる。不揃いなのがおいしいんだ」と、かつてイタリア人シェフにいわれた言葉を今も忠実に守り、手の形を残しつつ、ひとつひとつていねいに包む。

きのこペーストとトマトのフォカッチャ

トマトをベースに、アンチョビとブラックオリーブ、タンドールチキン、チーズとガーリック、レンコンなど、さまざまな味のフォカッチャが揃うなか、こちらは、ちょっと大人っぽい味のトリュフオイル入りのきのこペーストを使用。オーブントースターで少し温めて食べるのがおすすめ。冷凍も可能なので家庭に常備しておくのもいい。

鎌倉駅東口から徒歩一分、ビルの脇の少し薄暗い場所にある丸七商店街は、異世界への入り口。迷路のような通路の両脇に、雑貨店、定食屋、惣菜屋など小さな店が寄り添うように軒を連ねていて、戦後闇市の面影をいまだに残している。この商店街に一目惚れした夫婦が、空いていたスペースを借りて十四年前に始めたのが、キッキリキ。

　イメージにあるのは、イタリアに行ったときに出合った市場のパニーニ屋。店の前に簡素なテーブルがあって、冬の寒い日だったが、イタリア人たちはワイングラス片手にトリッパを挟んだパニーニを食べながら、それはそれは楽しそうにお喋りしていた。真似をして食べてみたら、パニーニは絶品。だから店名は、イタリア語のコケコッコー。朝元気に起きて、日が沈んだら眠る。そんな生活の基本を大切にしたいと思った。

　この店の人気に最初に火をつけたのはラスクで、ラスク用に改良したチャバッタを焼いて三種類の味で販売したら飛ぶように売れた。アメリカ風のオリジナルのパンを作ったときも、焼きあがりの時間に合わせて来店する客であっという間に売り切れた。そして今は、アメリカのオールドファッションドパイが人気。これもまたここでしか買えない一品。また、客の要望で週に一度、木曜日だけ卵不使用の食パンを焼いている。

　「どのジャンルって決めつけなくていいし、教科書通りじゃなくてもいい」。自分たちがおいしいと思ったもの、そして体にいいものを売る。そうして、世界でたったひとつの個性にあふれた店ができあがり、ずっと愛され続けている。テレビに何度も取りあげられて観光客が殺到したこともあったが、今は少し落ち着いて、地元の人が戻ってきてくれた。あのパニーニ屋みたいに、店の前にテーブルと椅子も用意してある。早めに売り切れになることも多いが、頼めば二時まで取り置きしてくれる。

CHICCHIRICHI

鎌倉市小町一―三―四　map U
〇五〇（五五七一）一〇八六（予約専用）
〇四六七（二三）六六〇二（問い合わせ）
一〇時頃から一六時頃まで。売り切れ次第終了
月曜・火曜定休
「鎌倉駅」東口より徒歩一分

DIAMOND CAKES
ダイアモンドケークス

アリエル
この店のスコーンたちには、ひとつひとつ女の子の名前がつけられている。これは定番的に作られている最もシンプルなタイプのスコーン。ゲランドの粗塩入り。生地の優しい甘みと塩味が引き立てあっていて、スコーンのイメージをいい意味で裏切ってくれる。

レイチエル
赤く見えるのは、ドライのクランベリー。そしてクリームチーズがかたまりで入っていて、しっとりとケーキ感覚で食べられる。

ポーレット
シナモン風味の生地に粗く刻んだリンゴとピーカンナッツをミックス。秋限定で登場。

マリーアントワネット
この店のシンボル的存在のスコーン。ドライのストロベリーとクランベリーが入った生地の表面にバラのジャムを塗って焼きあげて、Mの字のアイシングは、フリーズドライのストロベリーで色づけされている。この店では、すべてのスコーンで、着色料は一切使っていない。

トパーズ
シナモン、ジンジャーなどスパイス風味の生地に、アーモンドとドライチェリーを混ぜこんでいる。アイシングもウィスキーで、大人っぽい仕上がり。女の子の名前ではなく宝石をテーマにしたビジューシリーズは、よりケーキに近いスペシャル感のあるスコーンたちで、スポット的に登場する。

パープルの外壁と白いドア。ガラスからなかを覗くと、アクセサリーみたいなカラフルなものが純白の棚にきれいに並んでいる。このお店のイメージコンセプトは女性たちの心を虜にした映画、ソフィア・コッポラの「マリー・アントワネット」。そして棚に並ぶのは、ブリオッシュではなく、スコーンたち。これらを生みだしたのは、確かにとってもおしゃれで美人だけど、マリー・アントワネットみたいに夢見がちではなくて、真剣にものづくりに取り組んでいる女性店主だ。

もともとはセレクトショップのオーナーだったが、シフォンケーキをネット販売しはじめたら、雑誌などでも取りあげられて全国から注文が来るようになり、ファッションから食へとシフトチェンジ。実店舗を開くときに選んだのは初めて住む街、鎌倉で、そして、スコーンだった。

お店のオープンは二〇〇八年。「当時は、スコーンってなんですかってよく聞かれたんです。そういうときは、パンとケーキのいいとこ取りなんですって答えてました」。今は地元のなじみ客もでき、東京や遠く関西から定期的に来店するファンもできた。少数派ではあるけれど、男性ファンもいる。それは、味がよいことのなによりの証明。いわゆる英国式のスコーンよりしっとりしていて食べやすく、味も変化に富んでいる。

店にはいつも十二、三種類のスコーンが並ぶが、そこには毎週新作がふくまれている。オリジナルレシピは、もう四百種以上にもなった。お菓子作りは独学で、娘のためにと作ったのが出発点だから安全は当然の必須条件。小麦粉やバターは北海道産、ベーキングパウダーはアルミニウムフリー、色づけもフルーツや抹茶、カカオなどを使い、マシンは使わずすべて手作業で作る。

ダイアモンドケークスのスコーンの隠し味は、細やかな母親の愛情なのだった。口にすれば、暮らしに楽しみと休息を与えてくれる。

DIAMOND CAKES

鎌倉市御成町八―四一　map V
〇四六七（七三）七六八八
一一時半から一七時まで。売り切れ次第終了
水曜・木曜定休。店舗の二階でスコーン教室開催のときなど不定休あり
「鎌倉駅」西口より徒歩三分
http://diamondcakes.jp

米町マフィンズ

紅茶
アールグレイの香りが食欲をそそる。トッピングにオレンジピール。

クリームチーズ
割るとなかからクリームチーズのかたまりが登場。塩味がおいしいおかず系マフィン。

チョコ
チョコレート味の生地にくだいたチョコとピーナツ、そしてオレンジピール。なかにはチョコのかたまりが入っている。

バナナ
バナナやブルーベリーなど、生の果物を使うときは、前日に天日干しする。

プレーン
すべてのマフィンで、砂糖は使わずはちみつだけを使っているので、甘みがしつこくなくて食べやすい。

抹茶
抹茶の香りの生地のなかには粒あん、そして甘納豆をトッピング。和風のマフィン。

米町マフィンズは、バス通りから人がすれ違うのがやっとというような細い路地を進んでいったところにひっそりとある。初めて行くときはドキドキしても、一歩足を踏み入れればこの上なく居心地がいいのは、隠れ家ふうのお店の特徴かもしれない。

最初にオープンしたのは二〇一一年。フレンチのシェフをしていた男性が自宅を改造して作った小さな店は繁盛したが、事情があって続けることができなくなってしまった。そこに名乗りをあげたのが今の店主。近所に住み、常連客としてこの店のマフィンをこよなく愛していた彼女は、売りに出された店舗つきのこの家を購入し、レシピと屋号を引き継いで二代目店主となった。

とはいっても、彼女の本職は和裁士で菓子の専門家ではない。譲り受けたレシピに取り組み、好きだった味に焼けるになるまで自分で自分を特訓した。そして二〇一四年一二月、米町マフィンズは新たなスタートを切った。手先の器用さをいかして工夫をこらし、ほぼDIYでカフェの空間も作りあげた。

営業日は週三日。その日は朝三時頃に起きてマフィンを焼く。あのおいしいマフィン屋が再開したと聞いてかつての客が来てくれたし、新しい客も加わった。自分で考えた新しいレシピも加えた。

「店をやると決めたとき夫は呆れてたけど、今は自分も楽しんでるみたい。そりゃ忙しくなったけれど楽しいし、気持ちはうんと豊かになったと思う」と明るく笑う。子育て真っ最中の彼女の店は、若い母親たちのオアシスになっている。「息子が赤ちゃんだったとき、子連れで行けるカフェがあればいいのにと心の底から思った」から、店には小さな畳敷きのスペースを作り、おもちゃや絵本、授乳中の母親のためのデカフェも用意する。

路地のすぐ先には、絵本にでも出てきそうな小さな公園がある。この店で、あたたかいコーヒーとマフィンを買って公園のベンチでくつろげば、誰もが優しい気持ちになれる。

米町マフィンズ

鎌倉市大町一―一―二　map W
〇七〇（五三六八）二七〇二
一〇時から一七時まで。売り切れ次第終了
金曜・土曜・日曜のみ営業
「鎌倉駅」東口より徒歩七分
http://komemachi-muffins.com
f

NAKAMURA GENERAL STORE in Pacific DRIVE-IN

ブルーベリー クリームチーズスコーン

甘みをつけた生地は、外側はサクサクしていて、なかはしっとり。たっぷりのブルーベリーのフルーティーな味に、かたまりで入っているクリームチーズの味がプラスされて、大きめサイズでもあっという間にたいらげてしまう。フルーツがたくさん入るから生地の水分量の調整が難しいというが、絶妙なコントロールで、割ったときのしっとり感が保たれている。

パイナップル クリームチーズスコーン

定番のブルーベリー以外にも、パイナップルはじめ、イチゴ、バナナ、イチジク、ナシなどバリエーションは数多い。どのタイミングでどのフルーツが登場するかは決まっていないので、お店に行ってからのお楽しみ。テイクアウトも可能。

七里ヶ浜の駐車場から海を眺めていると、時の経つのを忘れる。海からあがったサーファーを目で追うと、錆だらけの自転車に傷だらけのサーフボードをのせ、長年陽に焼いてきた体でまたがって去っていった。ずっとこの海に通い続けてきたんだな、と湘南サーファーの人生を想像する。

左手には逗子と葉山、右手には突きでた江ノ島、晴れていれば、その向こうに富士山。七里ヶ浜は、鎌倉の海を味わうベストポイントといえる。そのセンターに位置しているのが、パシフィック・ドライブイン。広い駐車場のまんなかに、海に鼻先をくっつけるようにして建つドライブインカフェだ。

この店では、ちょっと特別なスコーンが買える。NAKAMURA GENERAL STOREのハワイ風のスコーン。ナカムラジェネラルストアは、ホノルルの人気店「ダイヤモンドヘッド　マーケット&グリル」で日本人初のスコーン担当として働いていたコックさんが、京都で開いたハワイアンペストリーの店。そのコックさん本人にレシピとテクニックを特別に伝授されたスタッフが、パシフィック・ドライブインのキッチンで毎日スコーンを焼いている。ハワイから波にのって京都経由で湘南にたどり着いたスコーンは、てのひらからはみだすほどの大きさ、たっぷりのバターで褐色に陽焼けして、ごきげんな顔をしている。

一度にたくさんの数は焼けないので、ガラスケースが空になっていることもあるけれど、あきらめずに次の機会を楽しみにしてほしい。もしかしたら、平日の午前中は狙い目かもしれない。テラスで犬の散歩途中の地元民がくつろいでいたりして、賑やかな休日とはまた違った店の雰囲気を味わえるだろう。ハワイに比べたら海の色はスモーキーだけど、焼きたてのスコーンを食べながらぼんやり海を眺める楽しさはここだけのもの。自然の偉大さと人間のちっぽけさを思い出させてくれる。

NAKAMURA GENERAL STORE
in Pacific DRIVE-IN

鎌倉市七里ガ浜東二—一—一二　Map X
〇四六七（三二）九七七七
一〇時から二〇時まで（ラストオーダー一九時半）
土曜・日曜・祝日は八時から
季節によって変動あり
不定休
江ノ電「七里ヶ浜駅」より徒歩三分
http://pacificdrivein.com

食べもののなかには

長田弘

食べもののなかにはね、
世界があるんだ。
一つ一つの食べもののなかに
一つ一つの生きられた国がある。

チョコレートのなかに国があるし、
パンにはパンの種類だけの国がある。
真っ赤なビートのスープのなかには
真っ赤に血を流した国がある。

味があって匂いがあって、物語がある。
それが世界なので、世界は
食べものでできていて、そこには
胃の腑をもった人びとが住んでるんだ。

テーブルのうえに世界があるんだ。
やたらと線のひかれた地図のなかにじゃない。
きみたちはきょう何を食べましたか？
どこへどんな旅をしましたか？

詩集『食卓一期一会』より

——収録した詩・短歌を書いた詩人・歌人について

［表紙裏（表2）・一ページ］

友部正人　ともべ・まさと

一九五〇年生まれ。詩人、ミュージシャン。七二年に「大阪へやってきた」でレコードデビュー。コンサート、アルバム制作などミュージシャンとしての活動をしながら、詩集、エッセイ集、絵本などを数多く出版。歌う詩人とも呼ばれる。出典：『ぼくの星の声』思潮社、一九九二年

［二四ページ］

山村暮鳥　やまむら・ぼちょう

一八八四―一九二四年。詩人。キリスト教伝道師として布教活動をおこないながら、詩や童謡、童話を創作する。病気や貧しさで苦労の多い四十年の生涯の間に、平明だが鋭い言葉で自然を賛美する詩を数多く書いた。出典：『山村暮鳥全集　第一巻』筑摩書房、一九八九年

［四三ページ］

杉崎恒夫　すぎざき・つねお

一九一九―二〇〇九年。歌人。終戦後より八四年まで東京天文台（現・国立天文台）に勤務。前田透主宰の短歌結社「詩歌」を経て、八四年より短歌グループ「かばん」に参加。八七年、第一歌集『食卓の音楽』を発表。没後に『かばん』に発表した作品から同人たちの手によって『パン屋のパンセ』が制作・刊行された。出典：『パン屋のパンセ』六花書林、二〇一〇年

［六四・六五ページ］

石垣りん　いしがき・りん

一九二〇―二〇〇四年。詩人。一四歳で銀行の事務員に就職、定年まで勤めた。職場の機関誌や同人誌に詩を発表し、五九年、第一詩集『私の前にある鍋とお釜と燃える火と』を発表。『表札など』でH氏賞を受賞。出典：『略歴』童話屋、二〇〇一年

［七六・七七ページ］

長田弘　おさだ・ひろし

一九三九―二〇一五年。詩人。六五年、第一詩集『われら新鮮な旅人』を発表し、亡くなる年の最新詩集『最後の詩集』まで詩作を続けた。また、評論やエッセー、絵本、翻訳など数多くの著作を持つ。『私の二十世紀書店』で毎日出版文化賞、『森の絵本』で講談社出版文化賞受賞。出典：『食卓一期一会』晶文社、一九八七年

エッセイとインタビュー
（プロフィールは本文に掲載しています）

［一六ページ］　沼田元氣
［三二ページ］　澁澤龍子
［五五ページ］　いがらしろみ

［写真について］
表表紙（表1）・裏表紙（表4）／「風の杜」にて撮影
表紙裏（表2）・一ページ／「風の杜」のカンパーニュ
二・三ページ／「KIBIYA BAKERY」にて撮影
表3／七里ヶ浜海岸にて撮影

本書の刊行にあたり、取材にご協力いただいた皆様に感謝いたします。

エッセイ、インタビューならびに詩作品の載録にご協力いただいた著者・関係者の皆様に感謝いたします。

かまくらパン

二〇一六年二月四日初版第一刷発行

文　小出美樹・井上有紀
写真　港の人・斉藤有美（四八・四九ページ）
デザイン　西田優子
発行者　上野勇治
発行　港の人
神奈川県鎌倉市由比ガ浜三―一一―四九
〒二四八―〇〇一四
電話〇四六七（六〇）一三七四
ファックス〇四六七（六〇）一三七五
http://www.minatonohito.jp
印刷製本　シナノ印刷
　ISBN978-4-89629-309-8
Printed in Japan

データはすべて、二〇一六年一月現在のものです。

来店の際は、事前にインターネット等で営業日等をご確認いただくことをおすすめします。

店名リスト＆マップ

A kamakura 24sekki | 4 |
鎌倉市常盤 923-8

B boulangerie Lumière du b | 8 |
鎌倉市七里ガ浜東 3-1-30 1F

C boulangerie bébé | 12 |
鎌倉市極楽寺 1-4-3

D にちりん製パン | 17 |
鎌倉市山ノ内 1388

E 鎌倉利々庵 | 20 |
鎌倉市御成町 10-19

F Bread Code by recette | 25 |
鎌倉市坂ノ下 22-23

G mbs 46.7 | 28 |
鎌倉市大町 1-1-13 Walk 大町 101

H La forêt et la table | 33 |
鎌倉市由比ガ浜 1-3-16

I KIBIYA BAKERY 本店 | 36 |
鎌倉市御成町 5-34

J KIBIYA BAKERY 段葛店 | 36 |
(Come va? SHOP)
鎌倉市小町 2-13-1

K Bergfeld 本店 | 40 |
鎌倉市雪ノ下 3-9-24

L Bergfeld 長谷店 | 40 |
鎌倉市長谷 2-13-47

M mamane | 44 |
鎌倉市材木座 5-9-31

N PARADISE ALLEY BREAD & CO. | 48 |
鎌倉市小町 1-13-10

O みゆきぱん | 52 |
鎌倉市由比ガ浜 2-4-38

P 風の杜 | 56 |
鎌倉市雪ノ下 2-1-31

Q たい焼き なみへい | 58 |
鎌倉市長谷 1-8-10

R 日進堂 | 60 |
鎌倉市大町 2-2-3

S 豊島屋 扉店 | 62 |
鎌倉市小町 1-6-20

T れの かまくら | 66 |
鎌倉市浄明寺 1-9-6

U CHICCHIRICHI | 68 |
鎌倉市小町 1-3-4

V DIAMOND CAKES | 70 |
鎌倉市御成町 8-41

W 米町マフィンズ | 72 |
鎌倉市大町 1-1-2

X NAKAMURA GENERAL STORE in Pacific DRIVE-IN | 74 |
鎌倉市七里ガ浜東 2-1-12